U0274817

时装的 自白：

与时尚传奇的对话实录

COUTURE CONFESSIONS:

Fashion Legends in Their Own Words

［法］帕梅拉·戈布林 Pamela Golbin ——— 著

［法］扬·勒让德尔 Yann Legendre ——— 绘

邓悦现——译

重庆大学出版社

疯狂的艾伦和恰恰·奈利常常请我去家里喝茶，但我总是被她们放鸽子。样衣对着我悄声细语。她们的声音通过一串串的珍珠和一刀刀的剪裁传达给我。现在她们开口说话了，观点鲜明，还配上了插图。[1]

——约翰·加利亚诺

[1] 疯狂的艾伦指玛德琳·维奥内特，恰恰·奈利指可可·香奈儿。这是约翰·加利亚诺和作者在私下聊天时为两位设计师起的外号。——译者注

作者满怀感激之情，在书后列明撰写本书的准备
过程中研究的所有资料，同时也希望在此向撰写
这些资料的作家、记者和历史学家致谢。

引　言

帕梅拉·戈布林（PAMELA GOLBIN）
与 哈米什·鲍尔斯（HAMISH BOWLES）的对谈

帕梅拉，你是什么时候开始对衣服感兴趣的？后来又是怎么对时尚产生兴趣的？

就像大多数人一样，我与时尚有情感上的联系。在五六岁的时候，我第一次去巴黎看时装展览。那是一个 18 世纪的时装展，我被那些带有"鲸骨框"的大裙子迷住了，很好奇那些女人怎么能穿着这种裙子走动。一切都是从问一些"怎么做""是什么""在哪里""为什么""哪一个"的问题开始的，后来进化为了一段职业生涯。

你从哪里得到了灵感，要为过去的传奇设计师们做一本模拟访谈的书？

2009 年，我策划了一场关于玛德琳·维奥内特女士的回顾展，并为此搜集了许多第一手的资料。她的谈吐是如此的迷人，我没有在展览手册里阐释她的言论，而是打算以她的语气直接与读者对话。很快这就演化为了一篇在设计师去世后产生的"采访"，既独家又特别，反响非常好。读者感觉自己与她之间产生了真实的联系。许多人读完这篇采访后认为维奥内特还活着，还给她寄来了很多封信。我猜他们没有意识到，她已经在 1975 年去世了！我意识到这种形式不仅能介绍时装设计师的历史背景，还能让读者更好地了解设计师身份背后的那个人。

在你看来，设计师的话能传递出哪些作品无法传达的信息？

这是完全不同的信息。听他们说话就产生了一种对话，一种交谈。我希望与读者们分享的不仅仅是他们取得的成功，还有他们面临的挑战，最重要的是他们的个人观点，这些观点在今天看来意义重大。

你是如何选择设计师的？

首先一个条件就是，他们必须去世了！同时，他们必须要对时尚产生过巨大的影响。保罗·波烈，用这位史上第一位时尚巨星作为开头再合适不过了。他是少有的几位巴黎出生的设计师之一，他的自白给了这本书一个最完美的开头。

接下来的一系列设计师皆符合这两个条件，全书以亚历山大·麦昆来结尾。每一篇采访都讲述了一个引人入胜的个人故事，并且介绍了设计师个人的创作过程，你会发现设计师之间的观点和表达方式是多么的不一样。通过这一系列的访谈，你能通过那些创造历史的传奇人物之口，完整地了解一段关于 20 世纪时尚的口述历史。

对我来说，这本书的灵感来自塞西尔·比顿（Cecil Beaton）的《时尚的明镜》(*The Glass of Fashion*)。我想让读者能更加了解时尚的"英雄和女英雄"。

在你看来，这也是塞西尔·比顿通过《时尚的明镜》给同时代的人带来的影响？

是的，他所写的不是很学术的观点，用比顿自己的话来说，是一份"个人时尚记录"，也是那些"战胜了命运"的设计师的作品选集。

20 世纪还有没有其他关于时尚或风格的书籍，你觉得能够给我们带来同样的感受，既让人感觉与设计师有亲近的联系，又对他们的职业生涯和人格有深入的洞见？

戴安娜·弗里兰（Diana Vreeland）的 *D.V.*。这本书会让你觉得自己就坐在她身边，听她给你上一堂关于时尚的课程。

现在的时尚圈是品牌导向的。我希望让读者们身临其境地看到设计师的工作室，深入了解他们的生活，以及他们的灵感来源。

在这些设计师之中，你觉得谁的口才最好？

总的来说，最有口才的是克里斯蒂安·迪奥，毕竟写过那么多本书。香奈儿是最尖锐的。保罗·波烈最有魅力。麦昆最平易近人，也最直言不讳。浪凡属于老一辈人了，但她凭借自己的实力成了里程碑式的人物。维奥内特在回答问题时的表达纯粹而精确。巴伦西亚加的沉默是出了名的。巴尔曼在访谈中特别精练，在他一生中出席的很多次建筑学讲座中也是如此。无论是说法语还是英语，他关于时装的观点都是那么令人信服。格蕾夫人在表达的时候比较矜持。你能明显地感受到伊夫·圣·罗兰的忧郁气质，当然他关于高级时装、成衣和设计师的观点也是非常犀利的。

你会不会因为受到某种触动，改变看待某位设计师的方式？比方说，在理解了他／她的手工艺或者思考过程之后？

其实最令人意外的是看到他们利用自己天赋的方式是如此的不同。最明显的，有些设计师是自学成才，比如巴尔曼、迪奥、香奈儿和夏帕瑞丽；还有些上过学，像圣·罗兰；或接受过专业训练，像维奥内特和麦昆。不管是怎么入行的，他们都在这门自从 19 世纪末开始就不断变化的行业中，找到了属于自己的一种解决问题之道。

因此，这更像是展示他们的个性特点。

他们的工艺和技巧固然千差万别，但是你有没有在这一切背后发现某种共性，即使他们所处的年代隔了一个世纪？

当然。有一点是一目了然的：对时尚的爱。就算这些设计师出身的背景差异很大，他们都流露出了同样的激情。无论多么艰难，他们都坚持下来了。他们也都有关于时间管理的问题，如果我能这么表述的话。无论是波烈、浪凡还是麦昆，他们都谈到了在设计时装系列时面临的关于时间的挑战。

我们能从他们的自白中看出，大多数在当代时装产业中存在的问题，在 20 世纪初期就已经出现了：时装是艺术吗？设计师应该被当作艺术家还是匠人？什么是优雅？巴黎作为时尚之都的重要性体现在哪里？我们应该如何应对抄袭和伪造？这些问题至今依然回响在我们耳边。即使是一百年前的设计师，他们关于这些问题的回答都是非常当代的。

诚然，在过去的一个世纪中时尚产业的发展具有一定的连续性。那这些跨时代的设计师有没有为我们展现出过去一个世纪时尚业中发生的最根本的变化？

有意思的是，其实没有那么多变化。时尚不断发展，也不断轮回，不过我们总是面临着固定的议题：如何保持创新，生产更多、更特别的衣服；在设计时如何在商业和创作中取得平衡；不同顾客群体之间的文化隔阂，尤其是美国人和法国人之间；如何维持工作室最高的标准。

为什么巴伦西亚加是全书中唯一借别人之口来表达的设计师？

很简单，因为他在职业生涯中从来不接受采访，除了去世之前不久答应过那么一次。但我也无法想象出版这本书时，书中没有关于巴伦西亚加的内容，因此我选择借用与他同时代人的言论来为他发声。

这些言论中很多都是关于时尚圈对他有多敬重：他被认

为是同辈中最杰出的大师之一，尽管他本人更希望让作品来证明这一切。

相反，夏帕瑞丽则是一个非常乐于教益的人，总是想跟客人和读者分享最新的观点。就像这本书里很多其他设计师为我们提出的建议一样，她的建议也非常的当代。

在完成这个写作项目的过程中，你最大的收获是什么？

这些设计师展现出的惊人的幽默感。我试图在每一篇采访中都能呈现出他们的这一面。我也很喜欢看他们是如何评价彼此的。波烈点评了香奈儿，后者则与我们分享了她对伊夫·圣·罗兰的看法，圣·罗兰又致敬了克里斯蒂安·迪奥。而迪奥，他具有天生的外交官人格，对他所有的同侪都评价甚高。

在这本书的最后，我召集这些传奇人物坐在一起来了场圆桌会议，并向他们提了一个永恒的问题：什么是时尚？我希望这 11 段生动的旅行能给你带来灵感与收获。

阅读愉快！

保罗·波烈肖像

1

PAUL POIRET 保罗·波烈

波烈先生，媒体称你为"时装之王"。对此，你感觉如何？

　　这么多年来，我有过数不清的称号，但没有一个让我感到更愉悦。要想恭维一个人，这是最佳称号了，因为"时装之王"统治着所有人，统治着全世界，甚至统治着所有统治者——万事万物都要屈服于时装的统治。时尚影响着你，不知不觉间决定了你的行为。但在时装这件事上，这种独裁是翻倍的，因为它支配着女人，而女人决定着男人的所作所为。[1]

1 Paul Poiret, *En habillant l'époque* (Paris: Éditions Grasset, 1930), 272–273.

你对时装界的贡献是什么？

关于这个，有些人已经说得很好了，他们说我给自己所处的时代带来了巨大的影响，激励了整整一代人。如果我也承认这一点，那未免有点太自大了，而且这种说法让我感到不自在；不过如果我记得没错，当我开始工作时，时装界还没有任何色彩可言。[2]

你可以为我们详细说说吗？

极淡的粉色、丁香色、淡粉色、浅绣球蓝、水绿色、粉黄色，还有光秃秃的米色——一切都是如此的苍白、柔软、枯燥，以此作为优雅的象征。我决定在羊圈中放进几只狼——红色、绿色、蓝紫色、法国蓝，这些颜色开始进入人们的视线。[3]

1907 年，你发起了一场时装革命，将紧身胸衣驱逐出时装界。

借着自由的名义，我宣告了紧身胸衣的灭亡，并引进了胸罩，自此以后胸罩就成了必需品。[4] 我发动了针对紧身胸衣的战争。[5] 那时候，我设计出了执政时代风格的裙子，这种裙子腰线很高，就在胸部之下，并借用胸罩代替了紧身胸衣。[6]

与此同时，也有风格的倒退。

是的，我解放了女性的胸部，却束缚了她们的腿。[1] 女人们

---

[1] 此处指波烈设计的著名的霍步裙（hobble skirt）。这种裙子腰部宽松，膝盖以下则十分窄小，穿上它几乎迈不开步子，所以又称蹒跚裙。——译者注

2 Poiret, *En habillant l'époque*, 77.

3 Poiret, *En habillant l'époque*, 77.

4 Poiret, *En habillant l'époque*, 63.

5 Poiret, *En habillant l'époque*, 62–63.

6 "La Mode Qui Vient! Quelques opinions de grands Couturiers," *L'Illustration*, June 11, 1921, 9.

开始抱怨，再也没法走路或是跨上马车了。[7]

你是否也认为，你是靠着大衣开启了自己的职业生涯？

可以说，那件大衣是开启了整个系列设计的模板。甚至可以这么说，这个模板在今天依然影响深远。多年以来，它主宰着潮流，激发了人们的灵感。我称这款大衣为"孔子"。每个女人都有这么一件。这是第一次东方风情影响了时尚，由此，我履行着一个使徒的使命。[8]

你是土生土长的巴黎人，这在巴黎的时装设计师里很少见。

我是巴黎人中的巴黎人。我出生在市中心的两个埃居路上；我父亲就在这里做纺织品生意。这是一条窄窄的小路，位于卢浮街和贝杰街之间。[9]

你的童年是什么样的？

据说我会说的第一句话就是"Papizi"——意思是索要蜡笔和纸，或者铅笔。这么看来，我作为一名画家的命运很早就注定了，甚至早于我作为设计师的命运。但我最早的画作没有保存下来。通常我会待在二楼我母亲的房间里，或者有时候他们也允许我去父亲店里。[10]

当时你已经对时装感兴趣了吗？

小时候我有没有梦见过棉花和雪纺？我想我肯定梦见过。我很喜欢画女人，以及她们的衣服。我仔细翻阅黄页和杂志，

7 Poiret, *En habillant l'époque*, 63.

8 Poiret, *En habillant l'époque*, 62.

9 Poiret, *En habillant l'époque*, 7.

10 Poiret, *En habillant l'époque*, 6–7.

寻找一切跟时尚有关的东西；当时我可以称得上是一个时髦绅士（dandy），就算是忘记洗澡，也不会忘记换衣领。[11]

你在时装方面的品位，最早是怎么展现出来的？

有时候晚上在家里，我会在自己的房间幻想一些华丽的衣装。我的姐姐们给了我一个 40 厘米高的木质人台，我就在上面用别针固定上丝绸和细棉布。这个木质人台给我带来了多少欢乐的夜晚啊！我把它打扮成华贵的巴黎贵妇，又把它打扮成来自东方的皇后。[12]

关于你在 19 世纪末度过的童年，还有什么可以跟我们分享的？

在我还是孩子的时候，我的父母会带我去皇宫玩。我被瓦卢瓦街上的弗拉芒冰激凌店深深吸引：那琳琅满目的果子露，闪烁着五彩缤纷的光芒，甚至能让人觉得呼吸都是清凉的。长大以后，我在看着欧根纱的时候也有同样的感觉。[13]

你的童年似乎很精彩。

每天七点整，我们全家准时坐下来吃晚餐。45 分钟之后，我就已经守在法兰西剧院门口，等着开门了。一开门，我就一步四个台阶地冲进去，抢占最好、最便宜的座位。[14]

你职业生涯的起点不是很高，对吧？

那时候巴黎正在准备 1889 年的世博会，每天我们都能从自己的窗子里看见施工中的埃菲尔铁塔，每个人对此都有自己的

11 Poiret, *En habillant l'époque*, 16.

12 Poiret, *En habillant l'époque*, 23.

13 Huguette Garnier, "Ce que sera la mode de l'été qui vient," *Excelsior*, April 12, 1923.

14 Poiret, *En habillant l'époque*, 17–18.

一番意见。我开始发现自己无法再在学校里待下去了，有那么多不同的诱惑，诱惑我去尝试不同的事物，去享用生命的愉悦。18 岁时，我毕业了。当时我父亲最大的恐惧就是我擅自决定自己的职业。于是他在一个朋友那里给我找了份工作，那是个做雨伞生意的。那份工作对我来说太痛苦了。[15]

你是在那里学会了怎么做生意吗？

其实，我满脑子里只想着怎么逃走。我的工作就是穿着我的工作服、背着一袋沉重的雨伞，在巴黎市区跑来跑去，把伞送去乐蓬百货，送去卢浮宫，送去三街区购物中心。我老板想借此灭掉我的威风。显然他没成功，这么多年过去了，我还是这么神气活现。[16]

我开始用印度墨勾画一些异域风情的服装，给它们添上原创的细节。有一天，在一位好朋友的鼓舞之下，我去玛德琳·夏瑞蒂[2] 和劳德尼茨姊妹（Raudnitz Soeurs）合租的店铺里，拿了一些设计图给夏瑞蒂女士看，然后在黑暗的过道里等她的回话。这一招很有用：夏瑞蒂女士把我叫进了她的办公室。那是一位仪态万方的可爱女士，让人忍不住心动。[17]

随后，一个千载难逢的好机会从天而降。

1896 年的一天，道塞特先生建议我为他独家提供设计图，而

---

[2]　玛德琳·夏瑞蒂（Madeleine Chéruit）：1866—1955，原名 Louise Lemaire，当时最杰出的时装设计师之一，也是最早拥有时装屋的女性法国设计师之一。——译者注

15 Poiret, *En habillant l'époque*, 21–22.

16 Poiret, *En habillant l'époque*, 22–23.

17 Poiret, *En habillant l'époque*, 23–24.

不是把图纸到处投递。他承诺可以一直雇用我，买下我所有的设计。我跟父亲说起这件事，他却不相信；他对我的工作一无所知，对我能获得成功也毫无信心。[18] 然后我就成了设计师。道塞特时装屋当时正如日中天……那真是个黄金时代，人们无忧无虑，充满了希望与活力。[19]

你跟道塞特先生的第一次会面是什么样的?

我在听他说话的时候，感觉他说出了所有我想说的话，而他正是那个我渴望要成为的人。在我的幻想中，我已经成了未来的道塞特先生。我的生活里再也不需要其他的偶像了。我一心想要成为他的样子。[20]

你就这样一步踏进了一个五光十色的世界。跟我们说说这之后的事情吧。

道塞特先生告诉我："我把你招进来，就像把一只狗扔进水里等着它学会游泳一样。你必须尽力做到最好。"我尽力了。[21] 我的第一件设计是一件红色的小斗篷，脖子处围绕着飘带；翻领用双绉里衬来定型，每一侧各安了六颗珐琅纽扣。这款卖掉了 400 件。有些客人每个颜色都买了一件。我的名声就此打响。有一天我看见那个在我看来集才华、优雅和巴黎精神于一身的人，乘坐着她那辆骡子拉的马车出现了：瑞尚 [3]。伴随着丝绸摩擦的沙沙声，她走过我的门前；她是来找道塞

[3]　加布里埃·瑞尚（Gabrielle Réjane）：19 世纪法国著名女演员。——译者注

18 Poiret, *En habillant l'époque*, 25.

19 Poiret, *En habillant l'époque*, 28.

20 Poiret, *En habillant l'époque*, 26.

21 Poiret, *En habillant l'époque*, 31.

特先生的。道塞特应声出现了，看起来帅得像个天神。[22]

在道塞特这里，我见到了当时所有的明星：玛尔达·布兰迪斯[4]、提奥（Theo）、玛丽·嘉顿（Mary Garden）、劳申博格（Reichenberg）。尤其是当我们被选中为在布瓦西·安格拉斯街举办的年度戏剧会演制作服装时，我简直是喜出望外。有一年，我们把歌剧院的芭蕾舞团打扮成了第一帝国的士兵。[23]

在一家大型时装屋工作，刚开始会感到惶恐吗？

当我最开始被介绍给销售店员的时候，我确实有点茫然无措。他们大多上了年纪，舒舒服服地待在我们店里大半辈子，像是躺在奶酪里的老鼠。他们在不同的主顾之间巧妙地周旋，跟这些身份显著的女士们轻声细语，揽着她们的腰肢，亲昵地给她们提出自己的建议。[24]

工作量大吗？

我们每周都要出新设计，以供当时的美人们在周末的赛马会上穿着；她们是从不会把同一件衣服穿两次的。这些女人——利安·德·鲍居（Liane de Pougy）、埃米利安·德·阿朗松（Émilienne d'Alençon）、"美人"奥特罗（La Belle Otéro）——都深受追求时髦的公爵或王室成员的喜爱。[25]

---

[4]　玛尔达·布兰迪斯（Marthe Brandès）：19 世纪末 20 世纪初法国女演员。——译者注

22 Poiret, *En habillant l'époque*, 31–32.

23 Poiret, *En habillant l'époque*, 33.

24 Poiret, *En habillant l'époque*, 29.

25 Poiret, *En habillant l'époque*, 36.

在这段时间，你最愉快的记忆是什么？

每个周六晚上，我喜欢留在道塞特的时装沙龙里。在这里，星期天要送的货已经准备停当。我细细抚摸和检视着这些衣服，满心欢喜地想，24 小时后它们就将成为全巴黎热议的话题。到了星期天，我会去赛马会现场，一边观赏那些优雅的美人，一边构思下一次更精彩、更震撼的设计。[26]

但最后，你离开了。

离开不是没有原因的。我给我的女朋友设计了一些衣服，因为她买不起更大的品牌。她把我的设计拿去给一个裁缝，让她帮忙做。道塞特听说了这件事，就以此为理由解雇了我。[27]

然后在 1901 年，你加入了顶级的沃斯时装屋（Venerable House of Worth）。

当时，沃斯时装屋里管事的是他的儿子吉恩（Jean）和加斯顿（Gaston）。加斯顿说："年轻人，你知道沃斯时装屋的地位。我们服务的是最富裕、最尊贵的客人。不过现在，这些客人置办服装不仅仅是为了出席国事场合。公主有时候也乘坐马车旅行，或是在大马路上步行。我哥哥吉恩不肯制作那些更简单、更实用的衣服，但这个需求越来越大了。我们就像一些只提供松露的餐厅。现在我们最需要的，是个能炸薯条的。"我立刻意识到，能为这家时装屋"炸薯条"，对我来说是个多么意义非凡的机会。于是我毫不犹豫，立刻接受了这份工作。[28]

26 Poiret, *En habillant l'époque*, 37.

27 Poiret, *En habillant l'époque*, 45.

28 Poiret, *En habillant l'époque*, 53–54.

你只在那里工作了两年，1903 年就开设了自己的时装屋。

在奥伯街 5 号，靠近斯克里伯街角，那幢房子之前的主人是一个裁缝，不久前倒闭了。这没有吓到我。我决定就在这里开店。我父亲原本可能会阻止我，但当时他已经去世了。我母亲却看见了我眼中的激情之火，她相信这就是成功的关键，于是借给了我 5 万法郎。[29]

之后你很快就取得了成功吗?

一个月之内，这家时装屋就出了名。有一天瑞尚乘着她的骡子拉的马车来到我的店门口。这对我来说意义非凡。后来她经常来这里了。[30]

这真是一段星光熠熠的历史。

1911 年 5 月，我从巴黎艺术狂欢节（Bal des Quat' Z' Arts）回来，突然想到我可以在自己的沙龙和巴黎的花园里举办一场名为"一千零二夜"的聚会。我召集了几位艺术家，给他们提供物资，让他们自由创作一些世上前所未见的作品。[31] 这场聚会吸引了许多富裕的艺术家和艺术爱好者，像缪拉（Murat）公主和博尼·德卡斯特兰先生 [5]，他们说这一辈子都没有看过当天晚上那样精彩绝伦、激动人心的场面。有些人说，这些聚会只不过是自我炒作，我想终结这种愚蠢至极的评论:

---

[5]　博尼·德卡斯特兰 （Boni de Castellane）：1867—1932，来自法国普罗旺斯的贵族，以品位和艺术修养出名，也是法国铁路大王的女继承人安娜古尔德的第一任丈夫。——译者注

29 Poiret, *En habillant l'époque*, 60.

30 Poiret, *En habillant l'époque*, 62.

31 Poiret, *En habillant l'époque*, 171.

我这个人，从来不会花钱只为了让自己成为话题中心。[32]

就在同一时间，你还创建了一所学校。

我用女儿玛蒂娜来命名这所装饰艺术学校。[33] 我在学校里最主要的作用就是激发孩子们的创造力和品位，同时不去影响他们或批评他们，这样他们的创意才能保持纯洁和完整。说实话，他们给我带来的影响比我给他们带去的要多得多，我唯一能做的就是从他们的作品中挑选出适合投入生产的。[34]

你是怎么设计自己的时装系列的？

我不想夸赞自己的衣服有多好，因为我希望它们的品质能证明一切；但我还是得说，它们展现了我们对和谐的追求。衣服的每个细节都非常统一。这是因为所有参与时装制作的人——从提供丝绸的面料生产商到负责在上面刺绣的绣工——都跟我们关系密切。我们一起想主意，在每天的聊天与互动中，分享自己的审美和发现。某些面料生产商甚至可以随意进出我的时装屋。他们会参观我的时装，以了解我需要的东西是什么样的，然后回去准备。当我们在设计时，绣工也会来。当首席制衣官工作时，他们就坐在旁边，琢磨这条裙子需要些什么——比方说，图案应该是色彩明亮的，还是风格低调的？因此我才会说，生产的每一步都凝结了我们的团队协作。我们自始至终都是这样的：懂得让步，互相尊重，团结友爱——至少我是这么希望的。这就是我追求的结果，如果你说我已经成功了，我就太开心了。[35] 打扮一个女人，

32 Poiret, *En habillant l'époque*, 177–78.

33 Poiret, *En habillant l'époque*, 146.

34 Poiret, *En habillant l'époque*, 148.

35 Paul Poiret, "Une conférence de Paul Poiret au Salon d'Automne," *L'Art et la Mode*, December 16, 1922.

保罗·波烈设计的头巾，乔治·勒巴普作品《保罗·波烈作品》(*Les Choses de Paul Poiret*)

不仅仅是用饰物遮住她的身体，而是用精美的时装展现和烘托出她的典雅。而这门艺术的关键，就在于展现。[36]

你是如何判断一件设计可以收工了？

当我的创作流露出一种纯粹的魅力时，我才会满意；而这种魅力，就是你站在一座古典雕塑前感受到的那种。当一件衣服达到完满的状态时，你会发现它的所有细节都消失了，融入了这件衣服整体的和谐之中。[37]

对于"艺术家"这个词你怎么看？

当我在设计衣服时，我觉得它们都是艺术品；我将自己人格

36 Paul Poiret, "Poiret on the Philosophy of Dress," *Vogue*, October 15, 1913, 41.

37 Poiret, "Poiret on the Philosophy of Dress," 41.

的一部分投射在材料之中。当我选择打褶时，它就不仅仅是褶子，而是一种创作的方式；通过这种方式，我创造出线条，创造出风格。[38] 设计师必须舍弃所有自尊自大的情绪。当他被女人们所热爱，就必定被男人们所厌憎，他会感觉自己站在某个十字路口。他就像是杂交的产物，与公众的联系总是这样两极分化。如果他够聪明，就能受益于女人们的拥戴，而不被男人们的厌恶所影响。[39]

设计师们决定了什么是时尚，不是吗？

你真这么相信吗？你看起来不太懂这一行的事情是怎么做的……你是从哪个村子来的？女人们才能决定什么是时尚……在这门全知全能的宗教中，我们只能算是信徒……我们出尽法宝来取悦客户，但我们无法为她们的决断负责……我每一季要设计 200 件衣服，给女人们 200 个选项。如果她们总是选一样的衣服，这能怪我吗？[40] 作为一个设计师和创新者，我只能这么说！像我这样最先锋的设计师，得时刻保持头脑清醒，得意志坚定、目光远大。这可不是简单的事情！最大的困难就在于把自己的想法传达给生产的人——但常常那些人不是在生产，而是在搞破坏。[41]

你怎么评价自己的同行？我特别好奇你对查尔斯·弗雷德里克·沃斯（Charles Frederick Worth）的看法，你曾称他为"伟大时装行业的先锋人物"[42]。

沃斯先生会在和平街他那家时装沙龙里照镜子，镜中的那个

38 Huguette, "La robe 'Oeuvre d'art' peut-être critiquée," *Excelsior*, April 15, 1924.

39 Paul Poiret, *Revenez-y* (Paris: Gallimard, 1932), 106.

40 Paul Poiret, "La Mode et la Mort," *Les Arts Décoratifs Modernes*, 1925.

41 Paul Poiret, "Quelques considérations sur la mode," *Le Figaro Artistique*, February 7, 1924.

42 Poiret, *En habillant l'époque*, 135–136.

男人身披长毛绒披肩，神色傲慢而自信，上唇蓄着浓密的小胡子。他是第一个自称"艺术家设计师"的人。[43] 他是个胆大妄为的人，但他的品位却总是很差，有好几次让他的儿子吉恩都感到脸红。他对浮夸格调、巴洛克风格和洛可可风格的痴迷，让他无法被后世奉为大师级的人物，但他依然会因为他的先见之明为人们所铭记，是他创造并建立了现在的时装产业。[44]

还有什么值得谈一谈的人？

雅克·道塞特的父母，他们开了一家内衣店，并靠这个资助他在和平街 21 号的店。我此生最敬佩的导师就是雅克先生；当时他还只是个优雅的年轻人，他的魅力和知识很快让他声名远扬。[45]

那跟你同时代的可可·香奈儿和让·巴杜（Jean Patou）呢？

说实话，我不觉得香奈儿或者巴杜对这个行业有什么贡献；不过还是得承认，他们的眼光都很不错，也很善于宣传和推广。[46]

你名声在外，不是吗？

诋毁我的人，总是喜欢念叨我贴在办公室门口的警告："危险！敲门前问你自己三次：是不是十万火急，不得不打扰他？"不过这个直白的警告现在已经挡不住那些不受欢迎的访客了。设计师总是容易被说成傲慢无礼。女人们就喜欢这

43 Poiret, *Revenez-y*, 90.

44 Poiret, *Revenez-y*, 91.

45 Poiret, *Revenez-y*, 91.

46 Poiret, *Revenez-y*, 97.

个，尽管她们总是否认。一个设计师越是粗暴无礼、铺张浪费，就越能讨好和吸引女人。一旦他取得了成功，他的个性就会吸引来仿效者，以及一系列轻浮的举动。人们总是在他面前手舞足蹈，想要吸引他的注意力。他享受着成功带来的果实，谣言也随之而来，很快，他就盛名在外了：他成了个重要的角色，成了一种现象，一个超人，一个天才。[47]

你不会是说，你也这样对你的顾客吧？

关于这一点，我可能会这么说："女士，欢迎来到波烈时装屋，你知道这里是世界顶级的时装屋。很好，现在，我，波烈要告诉你：这件裙子很好，非常美，正适合你。如果你不喜欢它，太糟了；把它拿走——但我不会再给你做一件了。我们无法理解彼此。"[48]

我听说，你对抄袭这件事意见很大。

我本人就被抄袭了无数次；我知道要想杜绝抄袭有多难，也知道关于这一点我们能做的有多少。我甚至都想算了，随造假者去吧。我完全赞同《箴言报》（Le Moniteur）的观点，以及卢西安·克洛茨[6]在《晨报》（Le Matin）上发表的评论：应该建立一个联盟，保护这种违法行为的受害者；这种组织的领袖应该负起责任，说服立法者把抄袭行为入罪，而不仅仅是作为小小的过失。薇欧奈（Vionnet）女士把抄袭者称为

---

[6]　卢西安·克洛茨（Lucien Klotz）：1868—1930，法国记者和政治家，第一次世界大战期间担任法国财政部长。——译者注

47 Poiret, *Revenez-y*, 104–105.

48 Poiret, *En habillant l'époque*, 133–134.

贼，毫无疑问她绝对正确。我不认为从我这里偷走创意的人配做我的竞争对手；他只是个骗子。[49]

你会把一条裙子看作艺术品吗？

毫无疑问，一条裙子应该被当作一件艺术品，就像其他种类的艺术品一样，它应该受到法律的保护。[50] 我们不应该让批评的声音影响我们这个行业：我们既是艺术家，也是商人。如果我感到自己被误解了，我保留捍卫自己想法的权利。艺术家应该有权作出回应，而且是否运用这个权利，应该由我决定。我不怕批评的声音，我害怕的是有一天没有人再讨论我了。[51]

对设计师来说，被抄袭会带来怎样的困扰？

对一个设计师来说，最糟糕的不是被抄袭。因为时尚的意义正是在于散播一个成功的创意。如果这个创意被散播出去了，也并不归功于设计师，而是归功于公众的欣赏。[52]

你怎么看当代时尚的现状？

我相信，陈旧的那一套正在土崩瓦解。年代变了。[53] 以后，现在的时尚还有意义吗？[54] 时尚需要全新一代的大师。他必须重复我做过的事情：不往后看，也不多想，只需要考虑把女人打扮漂亮。[55]

我们应该遵循什么样的原则呢？

着装的艺术就跟其他所有的艺术形式一样，复杂而且难以捉

49 *Moniteur de l'Exportation*, October 1920, 9.

50 "De la contrefaçon dans la couture," *Excelsior*, December 16, 1921.

51 Huguette, "La robe 'Oeuvre d'art' peut-être critiquée."

52 Marcel Zahar, "Faut-il poursuivre ou exploiter la copie," *Vu*, April 5, 1933, 511.

53 Zahar, "Faut-il poursuivre ou exploiter la copie."

54 H.G.N., "Comment se lance une mode — ce que nous dit M. Paul Poiret," *En attendant*, February 1923.

55 Poiret, *En habillant l'époque*, 78.

摸。它也有自己的一套原则和传统，但只有有品位的人才能真正掌握，因为他们更明白自己内心深处的情感。这门艺术跟金钱没有关系。[56]

你能说得更详细一点吗？

那些经济条件有限的女人没有理由不重视自己的穿着，就像富有的女人也不一定就能打扮漂亮一样。事实通常恰恰相反，有钱的女人可能因为一时兴起就去追逐转瞬即逝的潮流了，普通的女人则必须精打细算，更知道什么适合自己，什么不适合自己。因此她学会了怎么去选择，以及该挑选些什么。就这样，她学会了着装的艺术。[57]

有没有哪种时尚是你无法接受的？

有，我很不喜欢短裙。每次当我走进店里，都会看见很多客人面对墙壁坐着。只能说，她们就是在展示大腿。多可悲的景象！短裙——唉！我能给出最客气的评价，就是说它们不是很得体。[58]

除了时装之后，你还对别的什么艺术形式感兴趣？

现在电影院无疑是展现风尚的最佳场所，就像 20 年前的戏院一样。新戏开演的晚上，也是时装的盛会。现在我们的演员身上的着装，都出自时装设计师之手，而不是追逐潮流的普通人。因此大银幕肯定对当代人的品位有巨大的影响。如果不是这样，着装平凡甚至过时的电影，肯定是流于平庸的。[59]

56 Paul Poiret, "Individuality in Dress," *Harper's Bazaar*, September 1912, 451.

57 Poiret, "Individuality in Dress," 451.

58 "Paul Poiret," *Harper's Bazaar*, August 1925.

59 Emma Cabire, "Le Cinéma & la Mode," *La Revue du Cinéma*, September 1, 1931, 32.

那时尚应该怎样才能被善加利用在电影里？

也许换一种说法比较好，因为我相信应该把电影运用在时尚之中。[60]

那我们应该怎样把电影运用在时尚之中？

就像其他艺术形式一样，时装也有四个重要的元素：色彩、材质、线条和体积。对电影来说，不存在色彩这件事。材质依然很重要。如果你认为电影里的衣服面料不重要，那你就错了。现在的人太知道该怎么"读"一张照片了：不只能读出面料的种类，还能读出重量、柔韧度和质地——这一切都能体现在照片中。当然，线条也很重要。[61]

你会怎么定义幸福？

幸福？就是鼓舞自己。当然，要通过合乎道德的方法，如艺术、哲学追求、知识。幸福要在平静与坚定的道德感中追寻。那种感觉，就是你觉得自己的生活良好、公正、公平，以及平衡。当大多数某个阶层的人想到幸福，他们想到的往往是愉悦。我们这个时代的一大特征，就是我们都沉溺于愉悦之中——哈！——而不是幸福。[62]

1912 年，你率先带着自己设计的衣服和模特们出国展示。

我是巴黎最受欢迎的设计师，但我希望得到全世界的关注。我决定带 9 个模特，去欧洲几个最重要的首都来一场巡游。我不知道现在我是否还有足够的精力再完成一项这样庞大的

60 Cabire, "Le Cinéma & la Mode," 32.

61 Cabire, "Le Cinéma & la Mode," 32.

62 André Arnyvelde, "Le visage du Bonheur," *Paris Soir*, January 30, 1924.

计划。我不仅需要带着 9 个模特环游世界，还必须负责把她们都安全带回巴黎。我的巡演不是巴纳姆马戏团，也不是什么乐团。我的巡演必须营造出一种与众不同的气氛，我们所能产生的广告效果，全靠这些年轻女士的优雅举止和出众气质了。[63]

跟我们说说你的模特吧。

嗯，一个人可不是一时兴起就能成为模特的；对我来说，尽管有很多人来求职，但我不会信任那些不知道自己在做什么的女人，不会让她们负责展示我的衣服。上流名媛？不可能合作的。首先，她们很快就厌倦了；其次，她们习惯于用自

保罗·艾里布（Paul Iribe）作品《波烈的玫瑰》（*Poiret Rose*），1907

63 Poiret, *En habillant l'époque*, 103.

己的方式穿漂亮衣服，那就很难用更专业的方式工作了。这是真的，这也很有我们的时代特征。模特这个行业现在吸引了很多女士，要是在过去，她们很可能对这个行业嗤之以鼻。通常，在成为模特前需要大概 6 个月的练习：学习如何做动作、走路，才能看起来优雅、完美——当然，这其中最大的挑战其实在于如何在夸张的项链外面穿上一件外套、一条裙子。[64]

能跟我们说说你的旅行吗？比如说去美国那次。

首先，我想指出一点：我是第一个造访美国的巴黎时装设计师。这一点，应该是众所周知的了。其实我并不太确定我去做什么，我只是想多熟悉熟悉这个充满活力和勇气的国家。于是在 10 月份的一个早晨，我出发了。[65] 我带了一部短片，里面拍的是模特们在我家花园里穿着短款连衣裙。当我到达后，还没踏上岸，就被一大帮摄影师和记者包围了，他们像蚊群般扑向我。如此充满好奇，又如此冒冒失失，我真是前所未闻。[66]

无论你去哪里，都会被问到一个同样的问题：下一个时尚潮流会是什么？我也忍不住要问这个问题。

我没法回答你的问题。此时此刻，就让我们思考此时此刻的时尚吧。[67]

不过，你肯定也考虑过这个问题。

无论什么时候去美国，都会有记者问我未来的时尚趋势。如

64 *Excelsior*, November 22, 1922.

65 Poiret, *En habillant l'époque*, 236.

66 Poiret, *En habillant l'époque*, 237.

67 *En attendant*, February 1923.

果我说"裙子会变短"，等我回到住处，就会有一队布料生产商派出的代表团等着我要抗议；如果我说"裙子会变长"，袜子生产商就会派人来；如果我说"紧身胸衣马上要过时了"，紧身胸衣工匠就要开始怒吼；如果我说"头巾会是下一个潮流"，发型师又该不高兴了。实际上，时尚的本质就是变化。潮流总是不断轮换。[68] 没有哪种时尚潮流不是来了又去的。每种全新的趋势一开始都会引起人们的怀疑和反感。惯性让人对新事物感到愤怒，并以风俗和传统之名大肆反对。你有没有过尝试新鲜事物的经验？你会发现自己被人们讨伐，说你辱没了光荣的传统，好像法国时装行业自身没有过古怪念头似的。[69]

能为我们解释下时尚是如何产生的吗？

在过去，比如说第二帝国时期，时尚是从社会顶层开始的，时尚引领者是欧也妮皇后，或萨根王子之类。所有的贵族会很快穿上跟他们一样的裙子、夹克或领带。而现在恰好相反。时尚从社会底层向上传播，往往是女售货员或妓女引领了新风尚。时装的艺术在于如何找出最时髦、最独特的单品，既符合潮流的主要元素，又不被其中不符合审美的地方所影响。[70]

在一个外行看来，似乎很难永远跟得上潮流的变化。

我们总是听到记者们在抱怨时尚的变化多端，你的眼前永远有成千上万种潮流，让人找不到头绪。为什么不回归我们独

68 "La Mode," *Information Sociale*, October 26, 1922.

69 Paul Poiret, "Paul Poiret, Défense de la Mode," *La Revue Rhénane*, 718.

70 *En attendant*, February 1923.

特的风格？打个比方，17 世纪和 18 世纪，所有女人都穿得差不多。为什么不回到那时候呢？设计师肯定很开心。路易十四和路易十五时期的时装风格肯定很快就能普及开来——只要女人们别再抵制紧身胸衣了。[71]

每一季都有女人问同样的问题：今年我们该穿什么？

每次我听到有人问"今年该穿什么"，我都忍不住耸耸肩。看在上帝的分上，我说，女士，你得懂得自己挑选衣服的颜色和种类；如果有人跟你说红色会流行，你就要敢于穿紫罗兰色；关于优雅只有一个秘诀，用罗马人的话来说，就是得体（decorum），意思是穿适合你的衣服！[72]

你怎么定义奢侈？

这个世界上只有少数人能不把奢侈跟漂亮、昂贵搞混，而是将它理解为优雅。你有没有见过哪个上流社会的女人没有一串珍珠项链的？她们最想要、最重视的是身份地位。她们戴珍珠项链，是为了展现自己的财富，而不是展现自己的优雅气质或光泽的皮肤；她们穿衣打扮不是为了好看。[73]

你能在歌剧院里看见几百个打扮得像神龛一样的女人。打扮最艳丽的女人永远都不是最有魅力的。事实正好相反。她们的好看程度，大概跟珠宝盒子差不多吧；那些打扮自己是为了炫耀财富的女人，还不如在头上插一些支票呢。[74]

真正的优雅，是能够发掘时尚潮流，敢于尝试和创造——而不是只懂得跟风。[75] 如果说现在巴黎有 10 种潮流——那么

71 Geraldine, *Les Dessous Élégants*, May 1921, 60.

72 "Ideals of Elegance in Dress," *Vogue*, July 8, 1909. This text has been edited from the original English, which read, "I can hardly repress a shrug of the shoulders when I hear someone asking, What is going to be worn this year? For the love of the Bon Dieu, I say, Madame, choose yourself the form and color of your clothes, and if one tells you red will be much worn dare to wear violet restrict you choice to wear what suits you, for there is only one principle of elegance and it is condensed in a word used by the Romans, "decorum"; that means the thing that suits!"

73 "Ideals of Elegance in Dress." This text has been edited from the original English, which read, "There are but few people who do not confound what is luxurious with what is pretty, what is costly with what is elegant. Have you met a single woman having a sufficient income who does not adorn herself. It has come to express a kind of pompous formula of position. They put on their collars of pearls to advertise, not for the sake of to be more elegant, or for the sole purpose of setting off the brilliancy of their,

基本上女人就能按此分成10种。那些不在这10种分类中的人，在我看来，才是真正的优雅，她们才配得上这个词。[76]

你怎么看待美国女人？

她们是全世界最具有独立精神的女人——敢于挣脱传统和习俗的束缚。[77] 在反复无常、难以捉摸的时尚潮流中，她们能走得最远。就让她们做自己吧。[78]

你认为她们优雅吗？

尽管她们有钱又独立，美国女人的打扮却像是寄宿学校女生。她们很可爱，很健康，很匀称，发育良好，充满运动气息，可以说最接近希腊人的理想体型，有一种非常完美的充满建筑感的女性气质……但她们缺乏一个东西：人格！[79] 她们应该去追求个性，找到适合自己的个性后再充分地发展它，不断调整它；让那些最夸张、最杰出、最令人意外的气质滋养她们。因为她们的使命就是去诱惑男人，去取悦男人，让男人的生命充满活力。[80]

那巴黎女人呢？

巴黎女人总是以恰到好处地打扮自己出名，她们总能展现出符合自己身份的品位，完美地与周围环境和谐相处。[81]

为什么巴黎女人总是如此富有魅力？

她们拥有一种得体地应对一切的能力，因此总是能成为大型

of adding to their beauty.

74 "Ideals of Elegance in Dress." This text has been edited from the original English, which read, "You see at the opera hundreds of women adorned like shrines. The most dazzling and sumptuous are never the most seducing. Very much the contrary Quite the opposite. One experiences in contemplating them no more aesthetic emotion than before a jeweler's tray, and women who adorn themselves in this way, for the sake of displaying their fortune, seem to me less beautiful than if they put their hair up in bank notes.

75 "Ideals of Elegance in Dress."

76 "Ideals of Elegance in Dress."

77 Poiret, "Poiret on the Philosophy of Dress," 41.

78 Poiret, "Poiret on the Philosophy of Dress," 41.

79 Marie-Thérèse Cuny, "Le look Poiret," Jours de France, November 1984, 18.

社交场合中的焦点。[82]

美国女人和巴黎女人之间最大的区别是什么？

巴黎女人似乎从不会直接穿上一件衣服，她们总要修改几个关键地方，让设计更适合自己。美国女人会直接买下自己看见的那件衣服，就这样穿起来；但巴黎女人如果看见一件绿衣服，就会想要蓝色的，如果看见蓝色的，就会想要石榴红，再加条皮草领子，改改袖子，最后还要拿掉最底下的一颗扣子。[83]

你的顾客在挑选衣服的时候会有人帮忙推荐吗？

当一个女人在挑选或预定一件衣服的时候，她相信自己拥有完全的自由意志，可以独立作出判断；但其实这是在自欺欺人。时尚的幽灵正引领着她，掌控着她的智识，左右她的判断。当然，她不会承认这一点。当你们在听我说话时，大多数人可能内心会想："他太夸大其词了。我们可不是时尚的奴隶。当时尚不能取悦我们时，我们知道该怎么做。"但这就是最吊诡的地方了，时尚的神奇之处在于：它总是取悦你，它通过无可抵抗的诱惑来统治你。无论时尚如何更迭，女人们总是发现自己的想法很符合时尚潮流。[84]

这么说，时尚能决定一切吗？

时尚？时尚不再存在了！看看去年的杂志。每一种潮流都彻彻底底地过去了。现在我们拥有了无穷无尽的选择和数不清

80 Poiret, "Poiret on the Philosophy of Dress."

81 "Ideals of Elegance in Dress," 36.

82 "The Ten Commandments of Paul Poiret," *Harper's Bazaar*, October 1912, 521.

83 Poiret, *En habillant l'époque*, 134.

84 Poiret, *En habillant l'époque*, 273.

的个人品位。今天的时尚就是人们喜欢的东西。现在的裙子，未来的外套，应该是最适合穿着者的体态、脸庞和身体的裙子和外套；如果只是恰好符合她的欲望，那也可以。时装设计师们提出建议，女人们进行最终的裁决。[85]

你最喜欢的风格是？

要看情况。每个女人都应该致力于展现属于自己的独特魅力，但其中最关键的还是色彩和光线。[86]

你有什么指导原则可以跟我们分享吗？

1. 挑选的东西要能衬托出你的美。

2. 选择适合你肤色、眼睛和发色的颜色。

3. 时刻保持得体，在正确的地点穿正确的衣服。[87]

你有什么最基本的原则？

我认为有两点至关重要：对于简约的追求，以及能发掘原创细节和个性的品位。[88]

你最喜欢的设计是什么？

我最喜欢那种朴素的长袍，材质要轻盈柔软，从肩膀一直垂落到脚踝，像是黏稠的液体在流淌，简单勾勒出穿着者的曲线，在她走动时呈现出恰到好处的阴影和高光。[89]

85 "Dans le Royaume de la Mode," *Crapouillot*, April 1, 1921.

86 "Nos Interviews," *Le Matin*, June 7, 1923.

87 "The Ten Commandments of Paul Poiret," 521.

88 Poiret, "Poiret on the Philosophy of Dress."

89 Poiret, "Poiret on the Philosophy of Dress." This text has been edited from the original English, which read, "I like a plain gown, cut from a light and supple fabric, which falls from the shoulders to the feet in long, straight folds, like thick liquid, just touching the outline of the figure and throwing shadow and light over the moving form."

但你本人是以艳丽的裙子出名的。

无论设计有多么夸张，只要是简约的，效果就会很美。[90] 同时我还相信，东方时尚中活泼的色彩和戏剧化的效果能增添女性的魅力。[91]

你认为跟专业买手相处难吗？

要做出美丽、实用又广受欢迎的新设计，比你想象的难得多。而且你知道吗？买手对我们设计的意见有多重要，其实经常被我们夸大了。我们努力尝试创新，想取得他们的欢心。但我们错了。我坚信买手们是带着一套固定的想法来工作的，他们的选择已经是先入为主的了；他们只想买上一季最受欢迎的设计。他们总是沉迷于过去，把一切的进度都拖慢了。其实他们最应该做的，恰恰是开拓未来。[92]

你的时装屋在 1929 年关门了。

我已经获得了尊重、成功以及世界级的名望。这些甚至有些太多了。银行家找了过来，他们希望来主导一切；他们取代了我的地位，觉得他们可以掌控这一切；这就像是医生想强行治愈一个健康的人：医生搞坏了他的肺，只是为了得出一个他有肺病的诊断，以此来证明机器比人类更可靠。[93]

时尚有没有给你带来快乐？

时尚是神圣的。我没时间跟不喜欢时尚的人交往。对我来说，我察觉到了不祥之兆。我已经过时了，我再也无法挽留住属

90 Poiret, "Poiret on the Philosophy of Dress." This text has been edited from the original English, which read, "One may wear the most extravagant, the most fantastic of robes; No matter how extravagant a design is, if the design is simple, the gown will be beautiful."

91 "How Poiret Conducts an Opening," *Vogue*, April 15, 1912, 36. This text has been edited from the original English, which read, "I maintain that the straight, clinging line is the line of beauty, that the vivid colors and bizarre effects of oriental modes develop feminine beauty, and on these points I cannot change my mind."

92 "Dans la Couture, Un interview de Paul Poiret," *L'Officiel de la couture et de la mode*, no. 2, 1921, 13.

93 Paul Poiret, "En habillant l'époque," Éditions Grasset, Paris, 1930, 303.

于我那个时代的时尚。我注定要退出。[94]

最后，你还有什么要跟我们读者分享的话吗？

我根本没有什么怨恨。我已经接受了我不再富裕这个现实。

我跟我的税务检查员要说的也是这些。[95]

94 Paul Poiret, "Paul Poiret, Les divines aberrations de la mode," *Vogue* (France), January 1938, 39.

95 Cuny, "Le look Poiret," 18.

　　1　保罗·波烈

珍妮·浪凡肖像

2

浪凡女士，非常感谢你接受这次采访。

你是想问我关于时装制造和艺术之间的关系，对吗？[1]

当然，此外我们对你的职业生涯也非常感兴趣。从 1885 年开始一直到现在未曾中断过，漫长的职业生涯让你成了时尚圈的名宿。

当然，对我来说，时装是最伟大的艺术形式之一。如果想要设计出美丽的裙子，一个人光有"灵光"是远远不够的。你

[1] Elene Foster, "Six Noted Paris Dressmakers — Madame Jeanne Lanvin," *The Christian Science Monitor,* October 1, 1930, 8.

必须要有真正的天分才行，就像从事绘画、音乐、雕塑或建筑都需要天分一样。这不是可以后天获得的能力。这是天赋，就跟别的天赋一样，也是需要后天开发的。[2]

在你看来，时装制造和其他艺术形式之间有相通之处吗？

我在做衣服时，就像是雕塑家在塑造作品的线条；我认为时装设计跟雕塑很像。[3]

那时装和其他艺术形式之间最大的区别是？

时装制造是一门非常迷人的艺术。从本质上来说，这是一门属于法国的艺术，因此与法国人的心灵也最为接近。这门艺术源于历史，也如同历史一般，在时刻发生变化。[4]

能再详细说说吗？

时装不是那种抽象的艺术。你要为某种女人设计出一款适合她们的裙子；这些时髦的美人又为时装之美带来新的灵感。[5]

那么，你认为设计师是艺术家吗？

我们首先是创造者！我们唯一关心的是设计出更漂亮的衣服。[6]

当代时装还在继续给你带来灵感吗？

如今，时装前所未有地依赖女人本身的魅力。一切都仰仗她们柔软的躯体。[7]

2 Foster, "Six Noted Paris Dressmakers," 8.

3 Foster, "Six Noted Paris Dressmakers," 8.

4 Foster, "Six Noted Paris Dressmakers," 8.

5 Jeanne Lanvin, "Le Cinéma influence-t-il la Mode?" Le Figaro Illustré, February 1933, 78.

6 Odette Arnaud, "L'Apprentissage," Miroir du Monde, September 15, 1934.

7 "Grand concours de la mode. Lanvin," Le Matin, May 17, 1923.

对你来说，什么是时尚？

时尚是一种千变万化的艺术。难道你不这么认为吗？[8]

你怎么看待女装廓形的变化？

现在，风格的变化非常缓慢。我所带来的每一款新品，都意味着随后会发生一系列更显著的变化。每种微小的变化都是更大的变动的一部分。[9]

你最喜欢的一款裙子是什么？

我喜欢设计浪漫的裙子。我想，我大概设计过上千款裙子，但我从没感到过厌倦。[10]

你最出名的设计是"风格长裙"（robes de style），你把这种裙子称为"一件吊带上衣加上裙摆飞扬的半裙，用丰盈或精美的面料制作而成"。[11]

确实，"风格长裙"是目前我最爱的设计。在我设计出这种裙子之前，甚至可以说我没有真正开始设计。[12]

根据考古学家的研究，我们可以肯定，从 2000 年前人类当代文明的发源开始，这是唯一流传至今的女性着装，在不同的历史年代重复出现……紧身的上衣、厚重的半裙、拖地的长度，在 20 世纪，我们称之为"风格长裙"。[13]

你是怎么开始设计的？

始于排除杂念。[14]

8 "Jeanne Lanvin, Robe-de-Style: One mode immune to Time's Whims," *The Washington Post*, August 9, 1938, X9.

9 Mme. Jeanne Lanvin, "Jeanne Lanvin," *The Washington Post*, February 6, 1927.

10 "Jeanne Lanvin, Robe-de-Style: One Mode Immune to Time's Whims."

11 "Jeanne Lanvin, Robe-de-Style: One Mode Immune to Time's Whims."

12 "Jeanne Lanvin, Robe-de-Style: One Mode Immune to Time's Whims."

13 "Jeanne Lanvin, Robe-de-Style: One Mode Immune to Time's Whims."

14 Jean-Louis Vaudoyer, "Madame. . . Jeanne Lanvin," *Vogue* (France), Winter 1946.

那下一步你会怎么做？

我有自己的工作方式。我从来不会一开始就画出裙子的样子，因为我通常也不知道自己想要的是什么……我手边准备好面料，叫来一个首席制衣师，她会根据我的指令把各种面料组合起来。我其实对具体的制衣技法所知不多。所以我不可能亲自动手做出一条裙子。但我本能地知道，衣服的线条是不是错了，颜色是不是不和谐，或者最终效果是不是不够时髦。[15]

15 Foster, "Six Noted Paris Dressmakers."

浪凡的"风格长裙"

你会亲自设计整个系列的衣服吗？

当然，只有这样时装屋才能拥有属于自己的个性……我不仅会设计裙子和外套，还会设计内衣、皮草和珠宝。[16] 你会意识到，要生产出一个新的系列，需要投入多么巨大的劳作、研究和成本。这些投入，我们每年至少要重复四次，我们的员工、合作商和裁缝每天都要为此劳碌不休。你应该能理解衣服的标价签之后所蕴藏的巨大成本了。[17]

是否正是因为如此，你如此致力于对抗时装业的抄袭者？

成功的设计会被模仿，这是很自然的事情。我不会因为被模仿而感到困扰。这很正常，不可避免，甚至可以被理解为一种赞美——同时这也有所益处，因为这会激励着我们的设计师不断想出新的创意……但如果你所说的抄袭是另一个意思——也就是彻头彻尾的伪造，对原作原封不动照抄的复制品——这是无法接受的。这就不仅仅是模仿或致敬，而是盗窃。[18]

在时尚业，女性气质有多重要？

我坚信，每件衣服都应该能衬托穿着者的女性魅力。[19] 我最为赞赏的就是非常女性化，但同时又适合当代女性生活的衣服，我本人也一直致力于女性气质的回归。[20] 现在，女人们开始发现她们最宝贵的资产就是自己的女性魅力。就连商界女强人都意识到，不用再穿着男性气概的衣服了。女性化的单品中那种温柔、含蓄、简约之美，在商界也非常宝贵。[21]

16 Foster, "Six Noted Paris Dressmakers."

17 Marcel Zahar, "Faut-il poursuivre ou exploiter la copie?" *Vu*, April 5, 1933, 511.

18 Zahar, "Faut-il poursuivre ou exploiter la copie?", 510, 511.

19 Jeanne Lanvin, "Feminine Charm Paramount," *The North China Herald*, August 30, 1933.

20 "Dare's Weekly Fashion Letter, Lanvin's Prophecy," *The Washington Post*, March 30, 1930, S8.

21 Jeanne Lanvin, "Feminine Charm Paramount."

优雅是女性气质的表现吗？

当然，优雅其实反映出了一个人的气质；但无论一个女人多有个性、多有气质，如果她的身体和情绪没有处于一个舒适的状态，就无法表现出自己优雅的一面。[22]

时尚业一个很大的改变在于，当代女性的衣橱极大地简化了。

当然，我也意识到了，现在的形势并不足以让过去的优雅完全回归——那些要做运动、要自己开车、有一份工作的女人，可能不太适合那些不够实穿的衣服。但我们还是尽可能地呈现出优雅和柔软的美感……我们发现，如果一个女人白天要自己开车或早上要打网球，她在出席晚宴或去看戏时不应该还穿着那些简便却有失典雅的衣服。[23]

你对当今年轻女性的穿着有什么看法？

现在的年轻女孩似乎并不热衷于张扬个性，或是追逐流行；她们似乎喜欢像老女人那样打扮。结果就是，她们看起来跟她们妈妈一样。对我来说，我想教会她们一件事，就是衣柜里有 10 条裙子，不如有 2 条经过专家精心挑选的裙子。[24]

对现在的年轻女孩，你有什么建议？

她们的女性气质是无价之宝，是独一无二的。[25]

你会用什么材质来营造年轻感？

银和镀金。这两种材质不仅耐用、实用，还能让女人看起来

22 Mme. Jeanne Lanvin, "Jeanne Lanvin."

23 "Dare's Weekly Fashion Letter, Lanvin's Prophecy," 58.

24 Ginette Le Prieur, "Jeanne Lanvin habille . . . les jeunes filles de l'écran et les autres," *Ciné France*, October 19, 1938.

25 Jeanne Lanvin, "Feminine Charm Paramount."

年轻；想要看起来优雅，年轻感非常重要；不是说上了岁数就不优雅了——也许事实恰好相反——而是说如果一个女人感到自信、独立，就会更加优雅。[26]

如果一个女人觉得挑选适合自己的设计很难，她应该从何下手？

她应该问问自己，这件裙子看起来像不像她的，然后据此决定是买下还是放弃……女人们经常会选择一件衣服，仅仅是因为什么公爵夫人，或者什么有钱有势的女士也有这么一件，而不是因为这有助于增添她自己的魅力。[27]

你对巴黎女人的看法是什么样的？

巴黎女人都非常注重细节，有分寸。她们会为自己的裙子选择相配的鞋带。[28]

你似乎非常偏爱美国女人。为什么？

美国女人——她们太棒了。她们的身材都维持得很好。美国没有老女人。她们都充满了年轻活力。她们比世界上其他任何地方的女人都会穿衣。[29]

能跟我们说说，你是从哪里获取灵感的吗？

灵感来自万事万物……我经常旅行，也经常读书。我经常从一段沉闷的历史或是地理知识中获得灵感。灵感从四面八方向我涌来，但这些灵感需要在工作室里落到实处。[30]

26 Mme. Jeanne Lanvin, "Jeanne Lanvin."

27 Mme. Jeanne Lanvin, "Jeanne Lanvin."

28 Paule Hutzler, "Comment nous faisons une Parisienne cent pour cent," *Miroir du Monde*, April 8, 1933, 52.

29 "Waist line going back to normal," *The China Press*, April 26, 1926, 5.

30 Foster, "Six Noted Paris Dressmakers," 8.

我们能不能这么说，巴黎是你的活动中心？

我在巴黎工作最高效。我可能会在古希腊神庙的雕花梁柱之间，或是西班牙普拉多美术馆的委拉斯开兹绘画作品之中获得灵感，但事实证明，只有回到巴黎，我才算真正在工作。只有在这里，在我堆满了藏书和档案的角落里，我才能把灵感化为作品。[31]

在你看来，设计师可以离开光明之城 [1] 工作吗？

在这里，我们并不强求时尚——我们试着感知它。我喜欢这么说，时尚弥漫在巴黎的空气之中。如果你找出最好的巴黎设计师，把他与外界隔离开来，或是把他送到外地去——很快他就一文不值了。[32]

31 Foster, "Six Noted Paris Dressmakers," 8.

32 "Dare's Weekly Fashion Letter, Lanvin's Prophecy," S8.

---

[1]　光明之城（the City of Light）：巴黎的美称。——译者注

浪凡女士的办公室铭牌

你的创作有没有受到电影的影响？

电影将当代女性形象呈现在了大银幕上，而这当然对我的创作产生了很大的影响，给我带来更多、更新的灵感……同样，电影也是一种很国际化的艺术形式，在电影中呈现的女性形象也非常国际化。我们通过电影更加了解世界上其他地方的美女，这让我们对美的认知也更加丰富。而这种情况也并没有损害巴黎的地位——相反，巴黎作为品位之都的影响力更加深远，其他国家的女人也感受到了它的魅力。

感谢大银幕，女性形象被刷新了，她们更美、更和谐，也更接近古典的完美形象，同时依然保持着神秘感。[33]

时尚和电影之间最大的区别在哪里？

电影总是要放大一件事情……正是因为如此，当我在为电影工作时，我会将某种时装风格进行夸张，以强调角色的特质。[34]

在战争期间，浪凡时装屋依然营业。那一定是段非常艰苦的时光。

生活还要继续，无论环境多么艰苦。作为一个女人，就有义务尽可能地保持优雅。想想那些以此为生的人，以及随之而来的一切吧！当然，收支平衡也很重要。时装通过自身的风格，潜移默化地影响着周围的一切。[35]

当时，你的首要任务是什么？

交通是最难解决的问题，我们为此进行了一些革新。我们必

33 Lanvin, "Le Cinéma influence-t-il la Mode?" 78.

34 Le Prieur, "Jeanne Lanvin habille . . . les jeunes filles de l'écran et les autres."

35 Suzanne Fournier, "Jeanne Lanvin vous parle d'élégance," *Modes et travaux*, July 15, 1941, II.

须依靠自行车和地铁出行，在这种情况下我们应该如何改变女装的廓形？战时的种种限制，让巴黎时装的风格更加偏向简约。任何形式的夸张，都是不合时宜，甚至是滑稽可笑的。然而，我们还是要不惜一切代价创造美，我们永远不能放弃对创造、勇气和活力的追求。我设计了一些优雅的、适合家居环境的裙子，那些还能在家里款待客人的法国女人可以穿上它们。尽管这座城市被占领，我们依然继续在新系列里添加晚装礼服裙。天哪！其实我们认为这些裙子永远卖不出去。但出乎意料的是，这些裙子比我们预想的更值钱。而且，它们给我们带来了勇气！ [36]

你是出了名的谨慎。

我谈论自己太多了。这不是我的风格。[37] 我更希望是作品为我发声。[38]

36 Claude Cézan, La mode, phénomène *humain* (Paris: Privat, 1967), 108.

37 Foster, "Six Noted Paris Dressmakers," 8.

38 Foster, "Six Noted Paris Dressmakers," 8.

　2　珍妮·浪凡

玛德琳·维奥内特肖像

3

维奥内特女士，你来自法国东部，对吗？

　　我是个汝拉[1]女孩，我父亲就出生在那里。我在弗朗什-孔泰[2]长大，没什么见识。我生来自由。我从不属于任何人，包括丈夫。我结过两次婚，但我无法忍受。维奥内特是我娘家的姓氏！我一直想要保留自己的姓氏！ [1]

---

　　[1]　　汝拉：瑞士西北部州。——译者注
　　[2]　　弗朗什-孔泰：位于法国东部的大区，与瑞士接壤。——译者注

1 Marie Lavie-Compin,
"Madeleine Vionnet,
Pour l'année du flou,
l'année Vionnet,"
Vogue France, April
1974, 116.

在你三岁半的时候，你父母分开了。

我母亲离开了我父亲，因为她想去工作。她想做自己的事情。她是个非常有条理的女人，非常有责任感。她创办了小赌场（Petit Casino），后来成了巴黎最好的音乐咖啡馆。[2] 她把我带去了茹瓦尼 [3] 的娘家。在我 5 岁的时候，我父亲来找我了。[3]

你父亲的工作是?

他是个收费员。[4] 他住在欧贝维利耶 [4]。我们住在一间两室的公寓里。他非常英俊。[5]

跟我们说说你的事业是怎么开始的吧。

是机缘巧合。我的老师觉得我很有天赋，希望我可以继续上学，以后也去学校当老师。但我的父亲不是很赞同。他听取了一个朋友的建议，那个朋友的妻子就是个裁缝。就这样，我成了她的学徒⋯⋯[6]

你当时想不想继续上学?

当然，我还哭了⋯⋯像一个小女生⋯⋯[7]

---

　[3]　茹瓦尼：法国勃艮第大区约讷省的一个市镇，属于奥克塞尔区茹瓦尼县。——译者注

　[4]　欧贝维利耶：法国北部城市，在巴黎东北郊，圣但尼运河畔。——译者注

2 Célia Bertin, Haute Couture, *Terre inconnue* (Paris: Hachette, 1956), 162.

3 Madeleine Vionnet, interview by Madeleine Chapsal, January 30, 1974, transcript, Madeleine Chapsal archives, 2.

4 Madeleine Vionnet, interview by Madeleine Chapsal, January 30, 1974, 4.

5 Madeleine Vionnet, interview by Madeleine Chapsal, January 30, 1974, 2.

6 Gaston Derys, "En devisant avec. . . Madeleine Vionnet," *Minerva, Supplément féminin illustré du Journal de Rouen*, January 2, 1938, 7.

7 Derys, "En devisant avec. . . Madeleine Vionnet," 7.

你是怎么学会这些本事的？

工坊就是我的学校。我是从给女裁缝做学徒开始这一切的。现在，我很后悔没有好好学绘画——这会让我更容易表达自己的设想。[8]

你是从哪里获得这么好的品位的？

品位是一种感觉，让你能分辨什么是真正的美和什么是富丽堂皇——当然也要能分辨出什么是丑！品位在母女之间代代相传，但有些人根本不需要学：他们的品位与生俱来。就像我这样。[9]

你是否天赋过人？

天赋，真是一种奇怪的东西。我没有什么天赋。这么说吧，我不知道自己有没有天赋。我只知道我足以胜任这一切。[10]

8 Derys, "En devisant avec. . . Madeleine Vionnet," 7.

9 Madeleine Chapsal, "Hommage à Madeleine Vionnet," *Vogue France*, April 1975, 26.

10 Madeleine Vionnet, interview by Madeleine Chapsal, circa 1960, transcript, Madeleine Chapsal archives.

索尼娅·科尔莫（Sonia Colmer），选自 *Vogue* 杂志法国版 1931 年 11 月大片，摄影师乔治·何根尼 - 徐恩 （George Hoyningen-Huene）

18 岁的时候，你嫁给了一个叫埃米尔·迪普托特（Émile Députot）的警察，后来很快又离婚了。然后你去英国学英语，成了一名一流的裁缝。

从 20 岁到 25 岁，我在伦敦工作了 5 年。[11]

你在早报上看到一则分类广告，就应聘去给伦敦设计师凯特·莱利（Kate Reily）工作了。

我曾给罗斯柴尔德（Rothschild）的女儿、马尔伯勒（Marlborough）公爵的妻子做过衣服。那个女人个子很高。非常美，一个艳丽的女人。我甚至给她做过出席法庭的衣服。[12]

回到巴黎后，你先后为两家大名鼎鼎的时装屋工作过。1901 年，你被卡洛姊妹（Callot Soeurs）雇用了。

我是格伯（Gerber）女士（卡洛四姊妹之一）那间工坊里的首席。我手下管着 20 个工人。我负责做紧身上衣和半裙。我是改造女士西装的第一人。就是在卡洛姊妹那里，我开始设计时装。[13] 格伯女士是一位非常伟大的女性，她把工作视为生命：她装扮女人，用面料衬托她们的身体，而不仅仅是做一件衣服；她是个真正的设计师，而不是个装饰家或画家，就像今天很多"设计师"那样。[14] 我就在这个伟大的时装屋里学习。至于我自己的工作，其实没什么复杂的，但这段经历让我永远不想去做平庸的事情了。[15] 我发现时装是一门艺术。如果不是有这些女士，如果她们没有教会我这么多，我会继续制造福特汽车，是她们教会了我如何制造劳斯莱斯。[16]

11 Madeleine Vionnet, interview by Madeleine Chapsal, circa 1960.

12 Madeleine Vionnet, interview by Madeleine Chapsal, circa 1960.

13 M.-A. Dabadie, "Madeleine Vionnet, 'la grande dame de la couture' fête ses 90 ans," *Le Figaro*, June 11–12, 1966.

14 Bertin, 162.

15 Biche, "La vie et le secret de Madeleine Vionnet," *Marie Claire*, May 28, 1937, 11.

16 Anne Manson, "Elle fête aujourd'hui ses 90 ans, Madeleine Vionnet qui fut la grande dame de la couture entre les deux guerres : J'ai vécu l'âge d'or de l'élégance," *L'Aurore*, June 22, 1966.

1906 年，你为什么离开他们，去给雅克·道塞特工作？

我离开了卓越的格伯女士，离开了她那非凡的大脑，是因为道塞特先生承诺给我的，是我多年来一直渴望的东西……创造我自己的设计——我的设计！我一个人说了算，不用听从任何人的吩咐！[17] 他跟我说："就做你喜欢的事情，在老道塞特时装屋里创造一个年轻的道塞特时装屋出来。"[18] 我不再做紧身上衣……在道塞特这里，我让模特光腿穿着凉鞋。[19] 当时，他们都称呼我为栗子小姐，因为我的头发、眼睛，还有所有的衣服都是栗色的。我总是第一个上班，最后一个下班；下班前我会转一圈，把所有的灯都关掉，因为我热爱秩序。[20] 有一天……我设计出了铅笔裙。那是为传奇的女演员安泰尔姆[5]设计的。我认为这种裙子永远不会过时。它由三条白色和条纹的软绸衬裙交叠而成。店里的女孩都吓坏了。她们要求道塞特把这条裙子从时装系列中拿出去。[21] 那些店员这样评价我的设计："没有人会注意到这些裙子的。"这太让人失望了。安泰尔姆跟我说："这太荒唐了，你为什么还要在这里工作？……为什么不离开道塞特，自己开一家时装屋？"[22]

安泰尔姆把你介绍给了她的丈夫、《每日新闻晨报》（*Daily*

---

[5]　　安泰尔姆（Lanthelme）：1883—1911，原名玛蒂尔德·福西（Mathilde Hourtense），艺名吉内薇芙·安泰尔姆（Geneviève Lanthelme）。法国演员，巴黎媒体巨头阿尔弗雷德·爱德华兹的妻子。由于出众的美貌和时髦的着装，她的照片经常出现在杂志和明信片上。——译者注

17 André Beucler, Chez Madeleine Vionnet, circa 1929–30, transcript, André Beucler archives, 24.

18 Madeleine Vionnet, interview by Madeleine Chapsal, circa 1960.

19 Bertin, 161.

20 Manson, "Elle fête aujourd'hui ses 90 ans, Madeleine Vionnet qui fut la grande dame de la couture entre les deux guerres : J'ai vécu l'âge d'or de l'élégance."

21 Dabadie, "Madeleine Vionnet, 'la grande dame de la couture' fête ses 90 ans."

22 Madeleine Vionnet, interview by adeleine Chapsal, circa 1960, 21, 23.

Newspaper）的创始人阿尔弗雷德·查尔斯·爱德华兹（Alfred Charles Edwards），希望他可以资助你。你需要 80 万法郎。

爱德华说："你自己筹 40 万法郎，其他的我帮你想办法。"[23]

不幸的是，他们在乘坐游艇时安泰尔姆溺水身亡了。但你还是在 1912 年开设了属于自己的时装屋，地点就在里沃利街 222 号。

我失去了一切。我几乎一无所有。[24] 既然我决定要离开道塞特，我跟自己说："我需要一些钱。"我东拼西凑了 30 万法郎，其中 10 万是我的积蓄……然后我在里沃利街开了一家小小的店铺……那时候的生活有点艰难，但我不在乎。我天性乐观。这对我来说不算什么。在我的生命中有一件事，也仅有这一件事是至关重要的：我的独立。[25] 我跟自己说："如果我亏损了 30 万法郎……没关系，我知道怎么工作；就算我的设计不受欢迎，我还能去其他地方给女人们做其他衣服。"……我在伦敦学会了英语，因此我想："我可以去美国，如果那里有需求的话。"[26]

第一次世界大战影响了你吗？

我们深受其害……至今想起那段时间，我都会心情低落。[27] 在战时，我关闭了时装屋，但我的员工还想继续工作。我不在店里卖裙子，顾客直接把钱给我的员工。我做这一切不是为了慈善，而是为了服务他们。但我当时没有意识到，我这么做也是为了自己好，因为战争一结束，我的员工和客人就都回来了。[28]1918 年 4 月 18 日，我的时装屋又开张了。[29] 然

23 Madeleine Vionnet, interview by Madeleine Chapsal, circa 1960, 21.

24 Madeleine Vionnet, interview by Madeleine Chapsal, circa 1960, 22.

25 Madeleine Vionnet, interview by Madeleine Chapsal, circa 1960, 22.

26 Madeleine Vionnet, interview by Madeleine Chapsal, circa 1960, 25.

27 Madeleine Vionnet, interview by Madeleine Chapsal, circa 1960, 15.

28 Madeleine Vionnet, interview by Madeleine Chapsal, circa 1960, 15–16.

29 Lucie Noel, "Grande Dame of Designers," *Irish Independent*, July 22, 1966.

后我们迅速取得了巨大的成功。[30]

在创作和商业性之间如何取得平衡？

为了生存，一家时装屋必须在设计和管理之间取得平衡。你不能只选择其中一样。如果生意打理得很好，设计师就可以放飞自己的想象力，不受限制地设计下一季的时装了。[31]

你每年要设计超过 600 件单品。你如何在这么大的工作量之下依然保持新鲜的创作视角？

我早期的那些裙子很容易就做出来了……就像面包师做面包那么容易。直到后来，我职业生涯的末期，事情才变得难了起来。因为我发明了所有的东西！我再也做不出新的东西了。[32] 你必须保持原创，要做到这点，我发明了全新的剪裁方法：用三维的方式来处理面料——长度、宽度和斜角。当然你也可以把它称为经度、纬度，以及它们相交叉的 45 度角。[33]

能跟我们谈谈你著名的斜裁法吗？

我能告诉你一切……但我所做的事不仅仅跟时尚相关；我认为它可以永远流传下去。[34] 我必须得说，只要是跟斜裁有关的设计，今天所产生的一切都源自我。我经常看到什么东西，然后跟自己说，"是我发明的！"……我太沉迷于自己的工作了。[35] 无论什么时候，如果我在街上看到一个穿着入时的女人，我会跟着她，在脑海里修改她的着装；我会根据自己的品位打扮她！[36]

30 Bernard Nevill, "Vionnet," *Vogue* (UK), October 1, 1967, 134.

31 Madeleine Vionnet, "Cri de ralliement! La couture et les copieurs," *Le Moniteur de l'exportation et la revue artistique réunis*, May 1920, 4.

32 Madeleine Vionnet, interview by Madeleine Chapsal, circa 1960.

33 Beucler, *Chez Madeleine Vionnet*, 19.

34 Madeleine Vionnet, interview by Madeleine Chapsal, circa 1960, 26.

35 Madeleine Vionnet, interview by Madeleine Chapsal, circa 1960.

36 Chapsal, "Hommage à Madeleine Vionnet," 26.

你还发明了些什么？

那时候，我们用绉绸做裙子的内衬；当我拥有了自己的工作室，可以做自己想做的事情时，就开始率先运用斜裁……斜裁的廓形曲线玲珑、轻松自在、充满动感。[37] 工作时，我会把细布围在木质人台上，仔细调整出正确的角度，再沿着斜裁线标出记号；接下来，这条线就会引领着我的裁剪。[38]

能跟我们介绍下你的创作过程吗？

每天一大早我就会坐在工作室里，面对着那只我用了一辈子的木质小人台，用布在上面缠缠绕绕；一会儿撕一道口子，一会儿撤掉重做……直到我满意为止。[39] 一个每天为人们的日常穿着而创作的设计师，工作过程应该是这样的：她必须拥有自己的首席制衣师、团队成员，以及很多细棉布（用来设计和打版）；你想做连衣裙或是皮草大衣，工序会有所不同。

设计师会把自己脑海里设想出来的衣服样子和技术手法描述给首席制衣师，不过更好的方式是自己用棉布和别针，裁出一个小样或是真人比例的样衣。首席制衣师会接着把衣服做完，这个设计会被反复研究、讨论和改进，直到颜色、面料都定下来。首席制衣师会安排裁缝们动手制作。但是在一件衣服真正被大众接受之前，不知道要经过多少次的尝试、改动、推翻重来和检视！[40]

你所说的是一种特定的设计方式。

当然，这世界上有很多这样那样的设计方式，而我说的是真

37 Lavie-Compin, "Madeleine Vionnet, Pour l'année du flou, l'année Vionnet," 117.

38 Lavie-Compin, "Madeleine Vionnet, Pour l'année du flou, l'année Vionnet," 117.

39 D. Paulvé, "Madeleine Vionnet," *Marie-France*, March 1974, 73.

40 Madeleine Vionnet, interview by Madeleine Chapsal, January 30, 1974, 4.

正的设计。有些人会盲目地抄袭……还有些人会根据记忆中的设计……组合出自己的设计……大概每 50 件衣服中，10 件算得上"佳作"，能让我激动得尖叫出来——我的梦想实现了，灵感变成了现实；还有 20 件会引起人们的注意和评论；10 件会默默无闻……还有 10 件（甚至更多）根本不是之前设想的那样……刚被生产出来就可以宣告失败了。[41] 我做得最多的是连衣裙。我有一个工坊专门做西装，但我数不清做连衣裙的有几个——大概 20 个吧。[42] 每款连衣裙，我们最少会做 5 个颜色。[43] 坦白地说，创作难吗？对我来说，并不简单，我相信所有的探索都是艰苦的，常常是令人沮丧的。真正的创作，都应该是而且必然是艰辛的。想要创作的人，都会吃苦。[44]

你跟其他几位设计师有过几次合作，这就牵涉到了知识产权的问题。

这是一个关乎法律的问题……一件衣服的创作者到底是设计师还是裁缝？……设计师也许对色彩或布料有丰富的想象，但对面料的"肌理"却一无所知……所以理想情况下，设计师也应该是一个裁缝，不过就算这样，她也许还是会对自己的图稿做出来的样子感到意外。另一方面，如果女裁缝开始自己设计，想要做出一件完整的衣服，也会遇到很多意料之外的困难，不过她可能很快就能解决这些问题。[45]

能跟我们介绍下你跟你的首席制衣师之间的关系吗？

首席制衣师至关重要。她们是负责准备细棉布的人，而她们

41 Madeleine Vionnet, interview by Madeleine Chapsal, January 30, 1974, 4.

42 Lavie-Compin, "Madeleine Vionnet, Pour l'année du flou, l'année Vionnet," 117.

43 Paulvé, "Madeleine Vionnet," 73.

44 Vionnet, "Cri de ralliement! La couture et les copieurs," 5.

45 Vionnet, "Cri de ralliement! La couture et les copieurs," 4.

的想象力和品位受到设计师和时装屋的制约。我想她们中的一些人为此而感到痛苦。实际上,在我的时装屋里,那些能自己设计衣服的制衣师和裁缝,毫无例外都会去寻找新的工作。[46] 会有一个人在未来取代我的位置,让我不得不退休——肯定有这样一个人,她会在未来 10 年或者 15 年之内取得成功,她也许正在我手下工作,而我还没有意识到。我太害怕这个事实了,所以我目光锐利地观察着一切……即便如此,我还是愿意给别人一个机会:有时候我会让他们做出一条裙子,心想:"她可能就是那个人。"[47]

早在 1920 年,你就为手下的雇员设立了应急基金,她们可以休产假,还有医疗保险和牙医保险——这个做法真的很先锋。

这件事很自然……几乎不值得一提。你必须竭尽全力确保自己的员工身体健康,只有身体健康,才能在这样一个劳碌的、激动人心的、有趣的行业中寻求成功。[48]

你在做设计时辛苦吗?

我生命中的每一天几乎都在工作。我的店里有销售女孩,有很多员工,但我还是一直亲自工作。我的工作室有三个门,通常都紧紧关着……没人有权限进来。在这里,我拥有自由和宁静。在发布新系列的时候,我总是准备停当,因为我一直在工作。[49]

46 Vionnet, "Cri de ralliement! La couture et les copieurs," 4.

47 Beucler, Chez Madeleine Vionnet, 23.

48 Derys, "En devisant avec. . . Madeleine Vionnet."

49 Hebe Dorsey, "The Inventor of the Bias Cut," *The International Herald Tribune*, February 6, 1973.

是什么激励着你？

我们这个行业中的终极目标，是创造出让身体和形象更好看的衣服，是创造美。就是这个激励着我！[50] 我更像是个雕塑家而不是画家……比起颜色来，我对形状更敏感。[51]

面料是最重要的，不是吗？

不，我只需要保证面料的质量非常好。就像我致力于解放女人的身体一样，我也致力于让布料可以脱离原有的限制……我已经证明了，让布料摆脱支架，自由地从身体上垂落下来，不仅穿起来非常美，这本身也非常美。我试着让布料达到这样一种平衡，它的动态不仅不会被改变，还被放大了。[52] 我更偏爱纯色布料，因为它的图案不会影响线条，你朝哪个方

50 Derys, "En devisant avec. . . Madeleine Vionnet," 70.

51 Alain Bernard, "Quarante ans de métier, Madeleine Vionnet, créatrice de la femme en biais débuta apprentie pour finir Reine de la couture," *Radio*, 1948.

52 Biche, "La vie et le secret de Madeleine Vionnet," 11, 46.

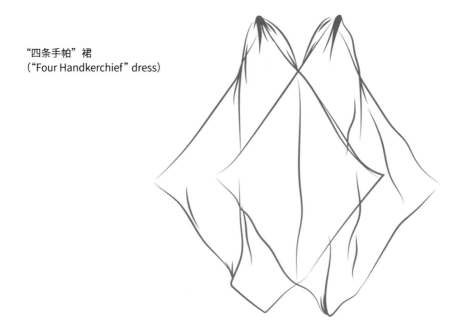

"四条手帕"裙
("Four Handkerchief" dress)

向裁剪都可以，但我最喜欢的还是有流动感的布料。[53] 在我年轻的时候，所有的衣服都是沿着纹理直裁的。我们按照面料本来的样子去裁剪它。但我要做的是按照我想要的样子去裁剪。我喜欢柔韧、能随我心意改造的布，这种布通常是密织的，更容易塑形……不过话说回来，我还没遇到过不服从我指令的布料呢。[54]

你的设计都非常纯粹简约，但你也会时不时使用一些装饰元素。

我从不刻意使用什么装饰元素，只有在一种情况下：那些元素有助于塑造衣服的廓形，提升整体的质感。[55]

你有没有特别喜欢的颜色？

我最喜欢的就是纯色。黑，白——美丽、纯粹的色调。还有用在眼影上的蓝色和绿色，用在唇上的红色。我不喜欢暧昧模糊的颜色。[56]

当你在设计的时候，会不会考虑顾客的想法？

对我来说，顾客至关重要。她们激励着我追求完美。我是为了她们才在工作中充满活力，同时也保持自我。[57] 我认为时尚杂志没什么用处，我还认为有多少种女人，就应该有多少种不同的时尚。我在创作的时候会想到她们所有人，也会要求自己可以通过创作展现每一种女人的美。在我的一生中，我都试图成为线条的医生，作为医生，我希望我的客人尊重自己的身体，好好保养自己，永远摆脱那些束缚他们的人工

53 Derys, "En devisant avec. . . Madeleine Vionnet," 70.

54 Lavie-Compin, "Madeleine Vionnet, Pour l'année du flou, l'année Vionnet," 117.

55 Biche, "La vie et le secret de Madeleine Vionnet," 11, 46.

56 Biche, "La vie et le secret de Madeleine Vionnet," 11, 46.

57 Biche, "La vie et le secret de Madeleine Vionnet," 11.

枷锁。[58]

对潜在的客户，你有什么建议吗？

他们更应该为一两件完美的单品而感到满足，而不是无休止地追逐流行和变化。[59]

你心目中理想的女性体态是什么样的？

我没有脖子，但我最爱的就是脖子。我很矮，但我喜欢高挑的女人。同样的，我从来没给自己做过裙子。[60] 总的来说，我没什么特定的理想体态。我相信我的衣服适用于大多数体态，并帮她们修饰缺点；不过如果体态完美的话，修身的剪裁与和谐的褶皱会展现出惊人的美感。[61] 他们总说我太爱女人了！尤其是阿根廷女人……她们那曲线玲珑、充满肉感的臀部太美了。[62]

对当代时装你有什么看法？

真正的时装？指的是我的时装吗？它们属于当代吗？很难讲……时装……是一门生意！……当你在谈论一个艺术家的时候，你在讨论一个人，但当你讨论时装设计师时，你讨论的是一家时装屋：也就是一门生意。[63] 在过去，时装是关于女人的学问；我们跟顾客和面料都联系紧密。[64]

你为什么会决定关闭自己的时装屋？

我手下有 1200 名员工；在 20 世纪 20 年代末，30 年代初，

58 Biche, "La vie et le secret de Madeleine Vionnet," 11.

59 Biche, "La vie et le secret de Madeleine Vionnet," 11.

60 Madeleine Vionnet, interview by Madeleine Chapsal, circa 1960, 25.

61 Biche, "La vie et le secret de Madeleine Vionnet," 11, 46.

62 Bruce Chatwin, *What Am I Doing Here* (London: Penguin Books, 1989), 90–91.

63 Madeleine Vionnet, interview by Madeleine Chapsal, circa 1960.

64 Madeleine Vionnet, interview by Madeleine Chapsal, circa 1960.

当时没有哪个同行的员工有我这么多。我在 1939 年关闭了时装屋，因为我们公司的执照过期了，在蒙田大道的店铺的租约也到期了……当然也因为我做够了。[65]

　　我从没有后悔过，也不会为自己遣散了员工，或者别的什么而责怪自己。我从不嫉妒，我生活中没有什么是难以承受的。当那一刻到来时，我会愉快地迎接它。[66]

对想要从事时尚行业的年轻人，你有什么建议吗？

　　我对自己的要求一直很严格。我相信你必须不停超越自己，为了超越自己，你得从认识你自己开始。[67]

你一直积极参与时尚行业中对于抄袭者的对抗。

　　我痛恨不公。[68] 那些通过抄袭别人的设计来赚钱，从不肯自己费力花功夫的人，都是贼。[69] 抄袭——就像是苹果里的虫——不仅摧毁了时尚产业中 200 万从业者的生计，也摧毁了我们的才华和天赋。盗版带来的危害，影响着法国时装的方方面面。[70]

　　我的口号是"抄袭者去死！"我知道我可能有点激进，但我忍不住这样；这表达了我的目标，也就是把非法的抄袭者驱逐出我们的行业……我们深受其害，而这些害虫必须被消灭。我们需要被解救。我们正在被抢劫。[71]

　　我希望让公众理解，应用艺术（时装、时尚、家居装饰）和美术（绘画、雕塑）是一家人，应该被同等对待。我希望强调这一点，造假会让很多人失业。我也希望指出，借鉴和

65 Lavie-Compin, "Madeleine Vionnet, Pour l'année du flou, l'année Vionnet," 117.

66 Lavie-Compin, "Madeleine Vionnet, Pour l'année du flou, l'année Vionnet," 117.

67 Chapsal, "Hommage á Madeleine Vionnet," 25.

68 Madeleine Vionnet, interview by Madeleine Chapsal, January 30, 1974.

69 Vionnet, "Cri de ralliement! La couture et les copieurs," 6.

70 Madeleine Vionnet, "Copie," (brochure), 7.

71 Vionnet, "Cri de ralliement! La couture et les copieurs," 5.

直接盗用是两回事：[72] 有人会挂出衣服，并直接标明抄袭了哪家品牌；有人会挂出衣服，但不说明抄袭的是什么；有下作的雇员，把公司里的衣服拿去给抄袭者，甘于做他们的同谋；还有裁缝可以记住特定款式的做法，再复制出来。如何定义这些行为？同样的，我把这些交给我们的立法者。[73]

你会如何定义时尚？

对我来说，"时尚"只不过意味人们对何为"纯粹的美"的普遍认知。[74] 时尚并不存在；就我个人而言，我讨厌时尚！你可以在我的作品中找到所有的风格……你只需要选择：一切都取决于你独特的审美。[75]

那你如何看待今天的时尚？

但那并不是时尚。只是诚实的工作，没别的了。这已经跟曾经那种着装上的极致美感没有关系了。[76]

如果可以再来一次，你会怎么做？

我会继续自己的那一套：提供衬托身体的衣服。但我可能会面临人手短缺的问题。[77]

你自己会穿什么样的衣服？

巴伦西亚加……他是我的好朋友……他会定期来看我，给我带一些他认为适合我的衣服。[78] 他是我们这代伟大设计师中的最后一个。在他之后，时尚和优雅女人的时代落幕了。[79]

72 Vionnet, "Cri de ralliement! La couture et les copieurs," 5.

73 Vionnet, "Cri de ralliement! La couture et les copieurs," 6.

74 Biche, "La vie et le secret de Madeleine Vionnet," 11.

75 Beucler, Chez Madeleine Vionnet, 18.

76 Paulvé, "Madeleine Vionnet," 73.

77 Madeleine Vionnet, interview by Madeleine Chapsal, circa 1960, 26.

78 Noel, "Grande Dame of Designers."

79 Paulvé, "Madeleine Vionnet," 73.

99 岁的感觉如何？

我生来精力充沛，一辈子都活力十足。直到现在，我还是很有智慧。我完全没有变得迟缓。我依然头脑清楚；我甚至认为，年龄让我的头脑更加清楚。[80]

最后还想说些什么？

时装的艺术需要时间和耐心。[81]

80 Lavie-Compin, "Madeleine Vionnet, Pour l'année du flou, l'année Vionnet," 116.

81 Biche, "La vie et le secret de Madeleine Vionnet," 46.

加布里埃·香奈儿肖像

GABRIELLE CHANEL

加布里埃·香奈儿

4

香奈儿小姐⋯⋯

我可不能就这么坐下来，随随便便就跟某个人大谈特谈我的人生。更别提是个不认识的人。我的作品就在那里。去评判它们吧。[1]

即便如此，你还是跟我说说你的事业是怎么开始的吧。

我想这样开始："今天，我要做⋯⋯"我只能从"今天"这

1 Joseph Barry, "An Interview with Chanel," McCall's, November 1965, 121.

两个字开始说，我真的不知道还有哪个词更适合了。生活就在此时此地，我不知道如何活在其他的时空中。你让我回忆过去，或是看向未来，我很快就会感到无聊。我讨厌无聊……今天，我想要工作。我正在准备春季系列。每一季的第一件成品，都是为我自己设计的。[2]

你为什么想成为一个设计师？

我想做一个独立的人。显然，我想要工作。[3]

听上去你似乎没有选择。

你想要工作的话，就必须去争取。如果你不认真对待工作，它也不会让你好过。[4]

你刚入行的时候，这个行业完全不是现在这个样子。

那个时候，时装设计师不被大家所接受。而我，改变了这一切。雅克·道塞特走在大街上，没人跟他打招呼，就算他后来成了一个伟大的艺术品收藏家，还是如此。[5] 再看看现在呢，事情都发生得太快，生活节奏也太快。人人都忙忙碌碌的，也没有时间去关心那么多了。[6]

你为自己的时装屋感到骄傲吗？

这是唯一真正属于我的东西。有些人想给我这个那个的，但我从没想过从谁那儿获得什么。香奈儿时装屋是我一手创办起来的。我背后没有什么金主。什么都没有。也没有人必须

2 Jean Denys, "La femme la plus écoutée des femmes — Chanel aujourd'hui," *Elle* (France), December 17, 1958, 49.

3 Coco Chanel, "La mode, Qu'est que c'est?" On side 1 of sound recording *Coco Chanel Parle*. Hugues Desalle.

4 Claude Berthod, "Qui était la vraie Chanel? Psychanalyse d'un monstre sacré," *Elle* (France), November 8, 1971, 38.

5 Madeleine Chapsal, "Reportage Chanel au travail," *L'Express*, August 11, 1960, 16.

6 Lucie Noël, "Grand Mademoiselle Coco Chanel She Twice Conquered Fashion World," *The Herald Tribune*, August 4, 1960.

给我钱——有银行贷给我钱，而且我从来没有透支过。[7]

你全心全意地投入在自己的事业上。

时装屋就像是我的孩子，我永远都不会放弃它。我创造了它，从零开始，从一点一滴开始。[8]

创建之初，你的目标是什么？

我一直有个心愿，想要设计出可以让女人们穿上很多年的衣服。如果我说我成功了，会不会显得有点自大？今天你给一个女人穿上漂亮的衣服，明天她还会有其他好看的衣服。这就是时尚的矛盾之处。稍纵即逝，没有明天，只有当下。真正的艺术家，不是时代的领路人；他属于他所在的时代。[9]

不知昨日，何谈创新，你不这么认为吗？

有些设计师整天把"为未来而设计"挂在嘴边，他们应该好好研究一下时装设计的历史。不着眼于今日，他们也做不到"为未来而设计"。实际上，他们只属于昨天。[10]

连小孩子都知道，明天不会来，明天永远都只在明天。不管是昨天还是明天，都有一个共同点——不是今天。连衣裙也好，套装也罢，都应属于当下，就像空气中弥漫的香氛。[11]

7 Chanel, "La mode, Qu'est que c'est?" *Coco Chanel Parle.*

8 Barry, "An Interview with Chanel," 170.

9 "Chanel, Chanel dit Non," *Marie-Claire* (France), March 1967, 62.

10 Coco Chanel, "Collections by Chanel," *McCall's*, August 1967.

11 "Chanel, Chanel dit Non," 62.

大家都说，你的童年挺艰难的。

他们还说，我在奥弗涅[1]长大。然而，我却没有任何关于奥弗涅的记忆。我的母亲是那儿的人。小时候，我很不快乐，全是悲伤和恐惧。我都数不清有多少次想过自杀。总有人叫我母亲"可怜的珍妮"，我无法忍受这种称呼。像所有的孩子一样，我也会偷听父母说话。我听到，我父亲耗尽了母亲的钱——可怜的珍妮。不管怎样，她还是嫁给了她爱的男人。那些人还说我是个孤儿！他们还可怜我。我可受不起他们的怜悯，毕竟我是有爸爸的。这一切都太丢人了。那时候我总是想不明白，照顾我的人只是可怜我，为什么没人爱我呢？[12]

我渴望爱，却没有得到。我甚至使过小伎俩，企图骗来一些爱。我觉得，后来的我渴望得到更多的爱。童年确实很可怕。我的姨妈们禁止我下午五点以后出门，说是让我给自己准备嫁妆。后来我从她们那里逃走了，只带着一件连衣裙和无数的谎话，来到了巴黎。[13]

你说话不可信，确实是出了名的。

我从不说真话，就算跟牧师说话也是一样。[14] 我说了很多废话。[15]

"可可"是你小时候的昵称吗？还是长大之后？

我的父亲死活不肯叫我"加比"，也就是"加布里埃"的缩

---

[1]　奥弗涅（法文：Auvergne）：位于法国中部的一个大区，未与其他国家接壤。——译者注

12 Marcel Haedrich, *Coco Chanel secrète* (Paris: Éditions Robert Laffont, 1971), 36–37.

13 Barry, "An Interview with Chanel," 170.

14 Haedrich, 61.

15 Haedrich, 20.

写。他给我起了另一个小名，"小可可"。"加布里埃"这个名字不是他取的，他不喜欢也情有可原。过了一段时间，"小"字也没了，我就成了"可可"。这个名字有点奇怪，如果能摆脱它的话，我会很高兴的。不过，我觉得我永远都没法换个名字了。[16]

你中间的名字是"博纳尔"，法语中是"幸福"的意思。

幸福只是一种假象。有些人还没想通这个道理，他们真幸运。[17]提醒你一句，我就是一个不幸福的女人。[18]众所周知，我这一辈子确实从来没有体验过幸福。[19]6岁的时候，我就是孤零零的一个人。母亲去世了，父亲就把我像丢垃圾一样丢在姨妈家，然后立刻跟一个美国女人走了，再也没有回来过。孤儿……从那以后，我怕极了这个词。直到现在，每当我路过寄宿女校，听到路人说"这些孩子都是孤儿"，我都还是忍不住眼中含泪。[20]

就像你自己说的那样，你从来没有感受到幸福，但在事业上，你取得了巨大的成功，一定是个非常幸运的人吧。

我一直都很幸运！打赌，我一次都没赢过。谢天谢地，还好我不是个赌鬼！我爱我的工作，能在事业上获得成功确实很幸运……这也证明了，人必须把精力集中在自己所热爱的事情上。我坚信，去做你爱的事，这个过程中自然会产生某种运气。相反，你的激情就会慢慢耗尽。[21]

16 Haedrich, 32.

17 "Gabrielle Chanel," *Le Miroir du Monde*, May 12, 1934, no. 219, 44.

18 Barry, "An Interview with Chanel," 121.

19 Barry, "An Interview with Chanel," 170.

20 Paul Morand, *The Allure of Chanel*, trans. Euan Cameron (London: Pushkin Press, 2013), 13.

21 "Mlle Gabrielle Chanel" *Le Miroir du Monde*, November 4, 1933, 10.

你为什么一直都是单身呢？如果你愿意，一定有不少机会可以走进婚姻。

我爱过两个男人，他们都不接受我的工作。他们都是有钱人，他们无法理解为什么女人有了钱还要去工作。[22]

其中之一就是威斯敏斯特（Westminster）公爵吧。

我很幸运可以认识公爵先生。14 年很长，不是吗？他也是个腼腆害羞的人，但是跟他在一起，我感受到从未有过的安全感。他是个可靠的人，也让人感觉舒适。他非常懂我——当然，除了我的工作。他给我带来了平静。他为人慷慨，同时也很单纯。一半的时间我们用英文对话，另一半的时间说法语。"我不希望你学英文，"他跟我说，"你学会了英文，就会发现我们周围人的谈话空无一物……"

最后，我们似乎是为了吵架而吵架。虽然没有大吼大叫，但是总为各种琐事争吵。公爵一直念叨着结婚的事，也许如果我怀了孩子，我们就会结婚吧。可是，我有孩子了，香奈儿时装屋就是我的孩子。[23]

如果我没记错的话，你的另一个爱人也是英国人。

那个英俊的英国人叫鲍伊·坎贝尔。[2] 他也不知道该拿我怎么办。他带我去了巴黎，还给我在酒店里开了个房间……

---

[2]　亚瑟·"男孩"·坎贝尔（Arthur Boy Capel）：英国商人，香奈儿最重要的爱人。1910 年资助香奈儿在康朋街开设了第一家帽店。1918 年车祸去世。

22 Barry, "An Interview with Chanel," 170.

23 Barry, "An Interview with Chanel," 172.

这些男人把我看作可怜、没人要的小文雀；事实上呢，我是个大魔头。我慢慢地看懂了生活。我的意思是，我学会了如何应对生活。从前的我很聪明，比现在的我聪明多了。不管是生理上，还是精神上，那时候的我跟所有人都不一样。我喜欢一个人独处；从本能上，我热爱美的事物，反感娇小可爱。[24]

就是他帮你开了第一家店。

有一天，我告诉鲍伊·坎贝尔："我要开始工作了。我想要做帽子。"他回答："很好。你一定会成功的。开销会很大，不过没关系，你需要让自己做点事情。这是个好主意。只要你高兴就行，这才是最重要的。"

我在赛马场看到的小姐太太们，无不戴着巨大的帽子，上面满是羽毛和水果。最糟糕的是，她们的帽子压根儿就大小不合适，这太可怕了。[25]

这一切似乎进展得很快。

我租下了康朋街的一间沿街商铺。到现在，它还是我的。大门上写着："香奈儿，时装。"坎贝尔给我带来了一位重要的客人——奥伯特太太（Madame Aubert），原名圣·彭斯小姐（Mademoiselle de Saint-Pons）。她给了我很多意见，是我的引路人。赛马场的看台上，人们开始讨论我做的那些不同寻常的帽子。我的帽子简单朴素，让人有种回到铁器时代来临前的感觉。最初的顾客完全出于好奇来到店里。有一次，一

24 Morand, 35.

25 Morand, 38.

位女士上门造访，她直率地承认："我今天来……就是来看你一眼。"我是那个戴着硬草帽的小女人，不仅帽子大小合适，头和肩膀的比例也协调了。在他们眼里，我就是一个神秘的生物。[26]

差不多两年之后，你才开始设计时装。

1914 年，战争开始了。坎贝尔说服我搬去多维尔。[3] 他在那儿租了一座别墅，用来养马。不少贵妇都搬去了多维尔。她们不仅需要帽子，很快裁缝也没了，她们想要穿得体面，自然需要有人来做衣服。当时只有一些做帽子的女工跟着我，我把她们培训成了裁缝。没有足够的布料，我找来马厩小厮

26 Morand, 38–39.

---

[3]　多维尔（Deauville）：位于法国西北诺曼底地区的小镇，是理想的海滨度假胜地。

1921 年，法国演员加布里埃·多尔齐亚（Gabrielle Dorziat）戴着香奈儿早期设计的帽子

的毛线衣，以及我自己穿的运动针织衫，把旧衣服改成了运动装。战争第一年夏天结束时，我整整赚了 20 万法郎。[27]

在那个年代，这可是一笔可观的财富啊。

有了钱，才能谈自由。[28]

就这样，你开始在时装界站稳脚跟。

刚入行，我懂什么啊？一无所知。我都不知道裁缝的存在。我知道自己即将掀起一场时装革命吗？不可能。旧世界在走向毁灭，新秩序正在建立。我选择了对的方向；机遇向我招手，我把握住了机遇。我在新世纪中成长，自然明白新时代的着装风格。简单、整洁、舒适，备受追捧；而我在不知不觉中提供了这些元素。[29]

说说看你怎么学会时装设计的。

我是自学成才的。过程很难，也非常随意。就算我之后遇到了同时代那些最激动人心、最聪明的大人物，像是斯特拉文斯基（Stravinsky）、毕加索（Picasso），我也不会觉得自己愚蠢或感到尴尬不安。为什么？我无师自通，我的才干哪儿也学不到。之后我会再谈到这一点。我想要打破常规，挑战没完没了的限制。这不只是我成功的秘诀，也很可能是文明发展的奥秘所在。在那个年代，敢于创新的人才会取得成功。[30]

27 Morand, 48.

28 Françoise Giroud, "La femme de la semaine: CHANEL," *L'Express*, August 17, 1956, 8.

29 Morand, 48.

30 Morand, 30.

刚开始的时候，一定很辛苦吧。

刚开始的时候我有点迷茫。但我一旦弄明白其中的游戏规则，一切都上了正轨。[31]

你曾严厉地批评过其他几位设计师。

1920 年之后，名声赫赫的传统设计师们开始反击。大概就是那段时间，我记得我坐在歌剧院包厢的后排，看到整个观众席充斥着艳俗明亮的色彩。颜色之多，让我震惊，更让我想不明白。各种红色、绿色，还有电光蓝，华丽的乐章有如里姆斯基 - 科萨柯夫 [4] 的旋律，缤纷的色彩如居斯塔夫·莫罗 [5] 的调色盘，一切雍容华贵的元素都被保罗·波烈重新引入了时装设计中来。这让我感到恶心。俄国芭蕾舞团的着装，那是舞台装饰艺术，不是时装艺术啊。我清楚地记得，我曾跟坐在旁边的人说："这些颜色不可理喻。我一定要给他们穿上黑色。"[32]

谈谈你的创作过程吧。

你知道的，我不会做针线活，连缝个扣子都不会。[33] 我也很少画草图……设计时装，不一定要画图。它不是艺术，而是一种品位，再加上一点专业性。[34] 我直接在模特身上裁剪，

---

　[4]　里姆斯基 - 柯萨柯夫（Rimsky-Korsakov）：1844—1908，俄国作曲家、指挥家、教育家。他的作品多以艳丽的旋律和配器，描绘风俗景物和神话境界而著称。

　[5]　居斯塔夫·莫罗（Gustave Moreau）：1826—1898，法国象征主义画家，马蒂斯的老师。他的绘画大多取材自宗教传说、神话故事，色彩光怪陆离，深沉而又闪烁。

31 Chanel, "La mode, Qu'est que c'est?" *Coco Chanel Parle.*

32 Morand, 47.

33 Chapsal, "Reportage Chanel au travail," 16.

34 Barry, "An Interview with Chanel," 170.

她们就是我的灵感，而不是成堆的资料。所以，我经常更换模特。给我一把剪刀、几根别针，我就可以开始工作了……所有的工序都在模特身上进行。她的面容可以给我一些思路，或者发现某种衣领更适合她。就这样不断地尝试、调整，直到为她做出一身衣服。当有人跟我说某件衣服看上去很不错，我就想要把它大卸八块。一件衣服缝出来总是好看的，但你得让人穿上再看。衣服必须对照穿衣人的比例进行调整，重新缝合、缝辑。只有人穿上了衣服，才能最终判断它是不是好看。[35]

你有没有什么秘密武器？

那就说个小秘密吧。每件新衣服的第一版，我都会亲自试衣。这样一来，我可以清楚地把握正确比例，亲身感受一下是否合身、是否舒适，以及布料上身后的重量。[36]

提一个狡猾的问题：这一季的裙子大概多长？

我曾命令我的员工，不要回答裙子长短这种愚蠢的问题。长短很重要吗？我设计出的衣服就算穿个 20 年也不会过时，这才是我关心的问题。[37]

但是，你一直用裙子隐藏了身体的一个部分——膝盖，显然你很不喜欢膝盖。

换句话说，你有见过多少四五十岁的女人，或者任何早已不是小姑娘的成熟女性，拥有漂亮的膝盖？很少很少。她们的

35 Barry, "An Interview with Chanel," 170.

36 Barry, "An Interview with Chanel," 170.

37 "Coco Chanel n'a eu qu'une robe longue dans sa vie," *Le Figaro*, February 25, 1969.

膝盖不是胖嘟嘟的，就是瘦巴巴的——都很奇怪，不是吗？为什么还要露出来呢？[38] 你知道为什么我走进一间餐厅，男人们都为我鼓掌喝彩吗？因为是我告诉那些女人，千万别把膝盖露出来。就像把手肘给别人看一样，可怕极了。[39]

你怎么看待迷你裙？

肉的展示。[40] 一个女人穿上迷你裙后，就没法舒舒服服地坐着。如果说，只有顺应时代的潮流，才称得上时髦，请告诉我，如果你穿了条裙子就无法就座，你还怎么时髦？（补充一句，我都还没提体面不体面的事情）不管是什么样的裙子，你穿上后必须能够正常坐立行走。[41]

你的意思是，是否能活动自如才是时髦的关键？

想怎么动，就怎么动，这不是应该的吗？女人不该由着她的衣服决定她的身体。那天，我的一个女朋友坐着一动不动，我问她："你怎么了？是不是生病了？"她回答："不，我今天穿了条新裙子。"[42] 还记得"新风尚"（New Look）吗？里面穿着紧身胸衣，外面是长长的裙摆拖在地板上来回晃动。到最后女人们都不穿这种衣服了。也就有了我们现在的"新新风尚"（New New Look）——连衣裙就是一件修身的中长裙。风格不只是这些，它还关乎剪裁、比例、色彩搭配和布料。最重要的还是穿衣服的这个女人，以及关于她的一切。[43]

38 Barry, "An Interview with Chanel," 170.

39 James Brady, "Chanel," WWD, December 18, 1969, 10.

40 Brady, "Chanel," 10.

41 "Chanel, Chanel dit Non," 62.

42 "Chanel, Chanel dit Non," 62.

43 "Chanel, Chanel dit Non," 62.

你经常提到抄袭这一话题。

很少有设计师像我这样被频繁地抄袭。其实这让我感到极大的喜悦。我总是站在大众的这一边,因为我相信风格本就属于街头,存在于日常的生活中,就像革命发自民间。这才是真正的风格。当风格源自街头,可就不是好兆头了。时尚瞬息万变,唯有风格永存。[44] 话必须说在前头,我可不是为了几个年迈的贵妇设计衣服。[45] 很多人抄袭我——有的时候甚至是粗暴地掠夺——却没有人能学到精髓。[46]

你认为抄袭是一种偷窃行为吗?

抄袭总比偷东西好吧。这其中还是有差别的!说真的,在法

44 "Chanel, Chanel dit Non," 62.

45 Berthod, "Qui était la vraie Chanel? Psychanalyse d'un monstre sacré," 33.

46 "Chanelorama," *Jours de France*, August 20, 1960, no. 301.

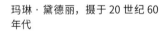

玛琳·黛德丽,摄于 20 世纪 60 年代

国有 4 万多个女裁缝。如果不从设计师那儿找寻思路，她们还能怎么办？就让她们去抄袭吧。我选择站在女人和那些女裁缝的一边，而不是帮着时装屋说话。[47]

所以，你并不在意被抄袭了吗？

每一次抄袭，背后都是对原作的爱。[48]

有什么东西持续不断地给你提供创作灵感吗？

虽然这种影响比较曲折，但是在各位美丽的巴黎女士身上，其实可以找到我那些奥弗涅姨妈的印记。朴素的暗色块和来源于大自然的色彩，把修女服饰的剪裁运用到夏季羊毛衫和冬季毛呢外套上，就成了让高雅的太太小姐们疯狂迷恋的清教徒式风格。这么多年过去了，直到现在我才意识到我的创作灵感来自道尔山（Mont-Dore）。我用帽子遮住了脸，那是因为奥弗涅的风总是能吹散我的头发。150 年前，日内瓦人和美国人把兜帽带进了凡尔赛宫；而我带着贵格会教徒式的帽子征服了巴黎。[49]

如今的时尚圈，巴黎处在怎样的位置？

现在，世界各国都热衷于对外输出自己的传统、农产品，抑或是独特的文化。对法国人来说，一两个发明创造无足轻重，重要的是我们要捍卫巴黎的精神。就让我们继续推崇短暂的美；美，本就没有持久一说，何必奢求永恒；而渴望得到时尚的标准答案，只是徒劳。就时尚而言，聪明的法国人懂得

47 Barry, "An Interview With Chanel," 172.

48 "Mlle Chanel," *Marie-Claire* (France), September 1964, 65.

49 Morand, 51.

引领潮流、做时尚之泉——不管你汲取多少泉水，你永远带不走喷泉本身。[50]

没有人可以为巴黎制造时尚，为世界制造时尚；也没人能够决定一个时代的走向，永恒的艺术亦不会存在。你能做的只不过是解读一个时代的渴望。每一季都有新的时尚出现，就像花园中定期盛开的花朵。然而，哪怕是一条小小的丝带，只要它来自巴黎，世界上每一个角落的女人都会爱不释手。[51]

你觉得其他设计师同意你这个观点吗？

如果可以的话，我非常乐意和其他设计师一起工作，共同打造一种完美的风格：法式时尚。我希望帮助那些大方殷勤的男士们，懂得为心爱的女人挑选连衣裙。一条简约、上乘的连衣裙，和一件皮草大衣、一辆汽车、一件珠宝一样重要。浮夸无法彰显格调，一条真正时髦的连衣裙一定是用上等的布料制成的，有独具匠心的结构和剪裁。与其拥有四条普通的连衣裙，还不如买上两条完美的。[52]

时尚也有国界吗？

创作不分国界、地域或出身。我刚在巴黎起步时，众多的法国设计师中，还有一个西班牙人和五个意大利人。[53]

你欣赏哪一位设计师？

我早就没了竞争对手。你都不能想象，连个对手都没有，工

50 Marcel Zahar, "Faut-il poursuivre ou exploiter la copie," *Vu*, April 5, 1933, 510.

51 Paule Hutzler, "Comment nous faisons une parisienne cent pour cent," *Miroir du Monde*, April 8, 1933, 52.

52 Denise Weber, "LES PAGES Mademoiselle Chanel nous parle" *Marianne*, November 11, 1937.

53 Coco Chanel, "Collections by Chanel," *McCall's*, September 1967.

作有多么无趣……但是，我会继续工作下去，至少可以打发时间。[54]

总有一位设计师值得你欣赏吧。

巴伦西亚加吧，只有他一人。[55]

新一代的设计师呢？

圣·罗兰有极好的品位。继续模仿我，他的品位会更好的。[56]

设计师算得上是艺术家吗？

我们不是艺术家。我们是手艺人，有品位的工匠。[57] 艺术的创作，是让原本丑陋的东西变美；时尚，本身就是美的一种，但它会慢慢地变丑。时装设计师，不一定需要天生的才华；足够的经验，外加一丁点儿的品位就够了。[58]

你怎么评价自己呢？

看看我吧：一个女时装设计师就是我这个样子。一个干活的工人。我就是工人。很多人不喜欢这个称呼，但是我喜欢。[59]

时尚应该被看作一种艺术吗？

看看如今都是怎么谈论艺术的吧。艺术（Art），A还要大写。不管你的作品如何，只要冠以"艺术"之名，似乎就可以说得通……还是少谈艺术吧，对大家都好。为什么开口闭口都得谈艺术呢？到最后，没什么是真的艺术，只是些具有艺术

54 Chapsal, "Reportage Chanel au travail," 18.

55 "People," Time, July 12, 1963, 46.

56 Brady, "Chanel," 10.

57 Barry, "An Interview with Chanel," 170.

58 Giroud, "La femme de la semaine : CHANEL," 8.

59 Chapsal, "Reportage Chanel au travail," 15.

性的玩意儿罢了。[60] 和其他的艺术形式不同，时尚是时间的产物——它只属于其产生的那一分钟。和英年早逝的天神一样，时尚富有那种脆弱的优雅。归根到底，时尚的本性，就是摧毁我们之前创造出的一切。[61]

你觉得时尚是一种工艺，而非一种艺术吗？

我再说一次：时装设计，是一项手艺，一门生意，一种职业。也许有些设计师在工作中有意识地进行了艺术创作，当然很多人都这样。在这个过程中，创作者得到鼓励，误以为终有一天会获得荣耀。一顶带蝴蝶结的旧式女帽，只因出现在安格尔的画中，就足以永世流传了吗？雷·诺阿 (Renoir) 画的一顶帽子就可以吗？在艺术中，时装的登场只是一场意外。这就好像一只蜻蜓落在莫奈的睡莲上，并随之流芳百世。做一件漂亮的外套，设计师应该努力让它完美贴合健美的身躯，或者让它衬托出最令人动容的女性之美。这么做很好，但不意味着设计师可以认为自己是一个艺术家——也不要穿得像个艺术家，或者摆出艺术家的派头来……到头来，他们无法成为真正的艺术家。[62]

和你同时代的时装设计师中，不乏很多有才华的女性设计师。数量之多，前所未有。

一个男人如何设计女人的衣服？男人不懂的东西太多了：女人要露出修长的脖颈，尽可能显现出双腿的长度；千万别加长肩膀的宽度，更不能特意突出胸部的轮廓；如果要做一件

60 Barry, "An Interview with Chanel," 168.

61 Zahar, "Faut-il poursuivre ou exploiter la copie," 510.

62 Morand, 112.

短外套，就得保证穿它的人能够举起手来。[63]

到底什么是时尚？

时尚？每次有人问我对时尚的看法，我都不知所措，因为我根本就听不懂这个问题……什么是时尚？我时不时地会做一些细节上的修改，改一下领口，或是袖子——连衣裙的袖子部分往往很重要——就这样，只需短短一分钟，这条裙子之前的样子就不再时髦了……改动，是为了做出更好的衣服。我可不会想着如何改变时尚！[64] 时尚之所以存在，就是为了有朝一日过时。我永远是为了明天的时尚而设计。[65]

今天的时尚界，流行元素之多，数不胜数，其中你最想强调的一点是什么？

记住一点，毫不动摇地跟随潮流，不一定是正确的选择。这至关重要。[66]

你怎么看当下的时尚潮流？

如今，人们已经搞不清时尚究竟是个什么模样。对我而言，我追求的是简约、高雅和实用性。[67]

你的设计理念是什么呢？

把舒适做到极致，也是一种奢华。[68]

63 John Fairchild, "Viva Chanel," *Elle*, February 24, 1966, 72.

64 Chapsal, "Reportage Chanel au travail," 15.

65 Fairchild, "Viva Chanel," 72.

66 Patricia McColl, *WWD*, November 10, 1970.

67 "Eye to Eye," *WWD*, July 20, 1970, 10.

68 Noël, "She Twice Conquered Fashion World."

那么你如何定义"奢华"呢？

我一直认为法国式的奢华有三个关键的元素——社交场合中的教养、美食和幽默感。这是一个道德层面的问题，有时候表面上是看不出来的。有的人有内涵，单纯不做作；他们在日常生活中不自觉地体现出这些优良品质，他们的优雅无关乎金钱……谢天谢地啊。[69]

时尚应该不时地回顾历史吗？

时尚，永远都不该怀旧。怀旧，是一种伪装，虚伪得让人觉得可怕。[70]

女人要怎么做，才算得上时髦？

一些女人为了追求时髦，竟然失去了自我。我非常不赞同。也许她们受到过多来自美国人的影响。她们本可以帮助我们把法式的优雅时尚带到世界其他地方。时尚，就应该是法国的时尚。这必须保持下去。[71]

很多年长的女士们，照样袒胸露背。请问到底谁想看？跟年轻的女孩子解释一下：这些女士们从小就被灌输了一种错误的观念，认为必须把一半的胸部显露在衣服外面，不然就不会有男人愿意多看她们一眼，更别提和她们做爱了。[72]

你的风格似乎从未有过改变，也因此遭到不少批评。

女人的身体始终都是一个模样，因此我的设计也确实没有过多的变化。[73] 有人说，"香奈儿还可以，就是式样都差不多"，

69 "G.C., Notre mode," *Le Témoin*, February 24, 1935.

70 G.Y. Dryansky, "Chanel Speaks," *WWD*, July 25, 1969, 8.

71 Weber, "LES PAGES Mademoiselle Chanel nous parle."

72 Noël, "She Twice Conquered Fashion World."

73 "En écoutant Chanel," *Elle* (France), August 23, 1963, 57.

这么说的人根本不懂时尚。每个季度，男性时装也会变化吗？男人只需要一套宴会礼服、一套无尾晚礼服，最多再加上一套燕尾服。在生活的需求上，现代女性和男人们并无差别：她们需要一套休闲运动装、一套工作套装、一套"无尾晚礼服"，外加一条优雅的连衣裙，作用相当于男士的"燕尾服"。添加一些明亮的色彩，再搭配上珠宝，女性气质也少不了。[74]

你似乎一直目标明确。

我只有一个目的，做出最适合女性身体的时装：突出胸围，提高腰线，解放手臂的束缚，从臀部到脚尖最大限度地展现双腿的长度，让她们的身体可以自由活动。[75] 不应该是人迁就衣服，而是人驾驭衣服。[76]

你是一个充满激情的女人吗？

我做每一件事，都满怀着激情。一旦我决定去做一件事，我会在做的过程中反复提醒自己：这件事将决定我今后的人生。[77]

你如何理解优雅？

微笑，才是最勇敢的行为。不管你有多少烦心事，不外露且以礼待人，这才是谦逊、道德和美的体现。[78] 你的一举一动，如何走路、如何微笑，都是你不可或缺的一部分；衣装打扮亦是如此。当你把时装看作你自身的一部分时，时装不再是

74 "En écoutant Chanel," 57.

75 "En écoutant Chanel," 57.

76 Antoinette Nordmann, "Je ne suis qu'une petite couturière," *Elle* (France), September 9, 1957, 37.

77 Yves Salgues, "CHANEL," *Jours de France*, February 24, 1962, 41. N° 380

78 "Gabrielle Chanel, Jeunesse," *La Revue des Sports et du Monde*, Décembre, NOEL 1934, 33.

一种掩饰，它会让你更加光鲜亮丽。

布鲁梅尔[6]的话，如今依然有道理：真正的优雅不会为人所注意。[79]魅力这种东西，不是哪位时装设计师、化妆师，或是多少金钱能换来的。你必须从自己身上找到它。[80]这无关乎金钱。优雅的反面不是贫穷，而是庸俗，以及不拘小节。你可能会打扮得太过花哨，但永远不会太过优雅。[81]

如今"美"还重要吗？

"美"这个词已经变得空洞。如今，人人都在谈论冲击性价值（Shock Value），可还有什么比美更具有冲击性呢？这大概是艺术教会我们唯一的道理了。美给我们的感受，就如同在黑暗的屋子里看见了一缕烛光。天啊，近来这种黑暗的势力越来越强劲了。[82]

你怎么看待肉体美？

我这一辈子遇见过太多美丽的女人和迷人的小伙子。说句真心话：光有外在美，根本就不够。[83]单纯的美，很无趣。独特的魅力，才具有诱惑力。另外，女人要自然。[84]如果你长得不好看，日子久了大家就不觉得了。但如果疏于打扮，一定会被识破。[85]

---

[6] 乔治·布莱恩·布鲁梅尔（George Brian Brummel）：人称"美男子"布鲁梅尔（Beau Brummel），1778—1840。当时英国有名的花花公子，以在服装上的讲究与奢侈著称。发明了三件式西服套装，开创了花花公子着装风格（Dandy），也是最早提倡面料、剪裁和廓形这三大男装设计要素的人。

79 "Gabrielle Chanel, L'élégance et le Naturel," *La Revue des Sports et du Monde*, October 1934, 29.

80 "Gabrielle Chanel, Le cadeau de Noël de Coco Chanel, 14 conseils pour que vous restiez jeune," *Paris Match*, December 16, 1950, 51.

81 Barry, "An Interview with Chanel," 168.

82 "Chanel, Chanel dit Non," 62.

83 Fairchild, "Viva Chanel," 73.

84 McColl, *WWD*, November 10, 1970.

85 Barry, "An Interview with Chanel," 168.

你怎么看待年龄？

年龄不重要：20 岁的你活力四射，40 岁的你魅力动人，此后依然让人无法抗拒。[86] 从心理层面上来说，最好的老去方式，就是别对外说出你的真实年纪。话说回来，这关别人什么事呢？ [87] 总而言之，年龄对每个人都是公平的。[88]

女人最常犯的错是什么？

随着年龄的增长，大多数女人希望看上去比实际年龄年轻一些。事实则相反，如果你已经不再年少，你应该尝试打扮得更加成熟一些。[89]

让你重新选择一个职业，你想做什么？

只要我能独自、自由地工作，不需要依赖任何人的帮助，我就会热爱那一份工作。[90]

什么让你感到快乐？

时装就是我的快乐之源，我的目标，我的理想，我存在的理由，我的人生，我一切的一切，代表着我最真实的一面。[91]

那爱情呢？

当一个女人拥有了爱情，她的爱人让她觉得自己很美，她就不需要再去美容沙龙了。但一旦失去爱情，她就完了。女人必须不断地折腾自己的身体，从头发到脚趾；不这么做的话，她就会很沮丧……说到我，我从来不丧气。我有爱人……但

86 "Gabrielle Chanel, Le cadeau de Noël de Coco Chanel, 14 conseils pour que vous restiez jeune," 51.

87 Barry, "An Interview with Chanel," 168.

88 "Le Paris des Parisiennes," *Marie-Claire* (France), October 1960, 13.

89 "Gabrielle Chanel, Le cadeau de Noël de Coco Chanel, 14 conseils pour que vous restiez jeune," 49.

90 Chapsal, "Reportage Chanel au travail," 16.

91 Nordmann, "Je ne suis qu'une petite couturière," 36.

是，我已经很久没拥有过"爱"了，顶多在梦中出现过。梦中惊醒，我会对自己说："你个老女人，别再纠结了。"[92]

你从未感到孤独吗？

我单身，因为所有男人的身体里都有一个伺机而动的皮条客。[93]

金钱会改变人与人之间的关系吗？

有的人有钱，有的人富有。他们不一样。只有富有的人，才会施予。[94]

还有什么让你感到意外？

我不能理解一个女人怎么能够不梳妆打扮就出门，哪怕是出于礼貌呢？完全没有粉饰，就把自己展示出来，这未免太狂妄了！而且，你永远不知道哪天会遇见自己的命运。看在命运的份上，你最好尽可能地让自己看上去像样点。[95]

给我们的读者提一点建议吧。

去历练自己，这是为了你自己好；但最重要的是记得保持幽默。学习所有的事，之后再全部忘却。少记事，多理解。当一个女人开始有回忆，她就不再是个小姑娘了。[96] 做最真的自己，到头来这世界上至少还有一个人与你真诚相待。[97]

92 Berthod, "Qui était la vraie Chanel? Psychanalyse d'un monstre sacré," 29.

93 Berthod, "Qui était la vraie Chanel? Psychanalyse d'un monstre sacré," 33.

94 Chanel, "Collections by Chanel," *McCall's* August 1967.

95 Chapsal, "Reportage Chanel au travail," 15.

96 Coco Chanel, "Collections by Chanel," *McCall's*, July 1967.

97 Chanel, "Collections by Chanel," *McCall's*, September 1967.

我们需要提防什么吗？

小心镜子。你在镜子里看到的，只不过是你对自己的狭隘的
印象。[98]

还有什么需要补充吗？

我给全世界做出了漂亮的衣服，如今人们却不在乎自己穿的
是什么。[99]

98 "Mlle Chanel," 65.

99 Morand, 165.

Gabrielle Chanel

艾尔莎 · 夏帕瑞丽肖像

5

ELSA SCHIAPARELLI 艾尔莎·夏帕瑞丽

夏帕瑞丽女士，你的出身背景中似乎没有任何让你成为一名设计师的理由。

都是机缘巧合。我根本不懂面料，也不懂斜裁之类的技巧，实际上我觉得裁剪很无聊。我这一生中从没有画过一张草图，也没有雇用过设计师。我选择面料时，就知道自己要的是什么。我手下的团队非常得力。我会跟他们非常清楚地描述自己想要的是什么，而我也总能得到自己想要的。[1] 我靠直觉

1 Anne Head, "The Sloppy Seventies," *The Observer*, July 25, 1971, 25.

来工作。[2]

你是不是更希望我称你为"夏帕"？你平时就这么称呼自己，而且还习惯用第三人称来指代自己。

毫无疑问，夏帕对于做衣服一无所知。她在这一点上的无能是无人能及的。也正是因为如此，她才有一腔盲目的、不受限制的勇气。不过她又需要冒什么险呢？她手中没有资本。她也没有老板。她不需要向任何人负责。她就拥有这些小小的自由。后来她学会了一些关于时装的准则，确切地说，是她自己发明了这些准则，而这些准则来自她儿童时期生活环境中的美感。[3]

能跟我们谈谈你在设计中遇到的困难吗？

对我来说，时装设计不是一门专业，而是一门艺术。我认为这是一门最最艰难、最最难以令人满足的艺术，因为一旦一件衣服被做出来，它就已经属于过去了。通常，你不需要太多元素就可以把脑海里的设想变成现实。演绎这件衣服的方式，制作这件衣服的技巧，再加上一些面料呈现出的令人意外的效果——无论你多么善于把设想中的衣服做出来，这几个因素总是会带来令人失望，甚至称得上是苦涩的结果。从某种程度上来说，如果你对结果满意，那更糟糕，因为你一旦把这件衣服做出来，它就不再属于你了。一件衣服不能像是一幅画那样被挂在墙上，或者像一本书那样原封不动地度过一生。衣服通过被穿着而被赋予了生命，但它一旦被穿着，

2 Untitled article, *Chicago Tribune*, October 11, 1971, C12.

3 Elsa Schiaparelli, *Shocking Life* (London: J. M. Dent & Sons, 1954), 50.

你对于它的主导权就属于另一个人了，那个人主宰着它、让它焕发光彩，或是把它变成一曲美的赞歌。在更多的情况下，它只是变成了一个跟你没有关系的东西，甚至是扭曲了你设计它的本意——你原本把它当作一个梦想，想通过它来表达自己的灵感。[4]

你对于时装的观点是什么样的？

她认为时装应该具有建筑的特性：要注重身体的重要性，把身体当作建筑中的框架结构。无论是奇思妙想的线条和细节，或是什么不对称的效果，都必须与框架产生联系才有意义。你越尊重身体，衣服就越有生命力。你可以给衣服加上衬垫或蝴蝶结，升高或降低腰线，调整曲线，强调这个或那个元素，但一定要注意保持和谐。除了中国人之外，希腊人是最擅长利用这条规则的了，他们据此创作出的女神像，即使非常肥胖，依然拥有完美的平和之气与生动的精美造型。[5]

你怎么看待当代时尚？

这是个试验性的时代。试验的结果还没出来。[6]

你会仿效其他设计师的作品吗？

我现在只会看两个人的作品，伊夫·圣·罗兰和库雷热[1]。

---

[1]　安德烈·库雷热（André Courrèges）：1923—2016，早年曾担任巴伦西亚加的助理，20 世纪 60 年代开创自己的时装品牌，并成为一代著名的法国时装设计大师，引领了当年时装界的"太空时代"。——译者注

4 Schiaparelli, 46.

5 Schiaparelli, 50–51.

6 Angela Cuccio, "Elsa," *The Washington Post*, July 6, 1969.

他们是仅有的两个有风格的人。这两家的衣服我都会买。[7]

肯定还有其他你欣赏的同行吧?

巴伦西亚加。毫无疑问,还有维奥内特和香奈儿——她是个很了不起的女人,靠着 50 年来重复做同一件事情实现了了不起的成就。[8]

资料记载,你对保罗·波烈一直充满批判。

波烈写过一本书叫《时代的着装》(*En habillant l'époque*)。我看不如写一本书叫《女人的脱光》(*En déshabillant les femmes*)。[9]

你对年轻人的时尚品位怎么看?

我把年轻人特有的穿衣风格称为"自我风格"(self-smartness)……无论男女,他们都自由选择觉得适合自己的东西,用成衣来自由搭配,有时候效果不错,有时候则不佳。从某种意义上来说,他们比设计师还有创意。他们搭配的方式充满了想象力。[10]

时髦的第一守则是什么?

在正确的时间、正确的地点穿正确的衣服,但这条时髦守则总是很容易就被人们打破。[11] 我上次去纽约的时候,震惊地看到穿着羊驼毛大衣的女人去买猪排。你一定要对事物有分寸感,在决定把衣服穿去哪里的时候,先慎重考虑一番。[12]

7 Head, "The Sloppy Seventies," 25.

8 Head, "The Sloppy Seventies," 25.

9 Schiaparelli, 58.

10 Cuccio, "Elsa."

11 Sylvia Blythe, "Mirrors Can Lie," *The Atlantic Constitution*, February 18, 1940, A14.

12 Elsa Schiaparelli as told to Harold S. Kahm, "How to Be Chic on a Small Income," *Photoplay*, August 1936, 60.

如果你想看起来很精明，先看看时间。如果你不得不在下午和晚上都穿同样的衣服出席，就要选择这两个时间段都合适的衣服——西装，或者简单的连衣裙。也许当夜幕降临，你还可以考虑适当地更换珠宝或其他配饰，让自己看起来更正式。但最重要的是：一个时髦的女人首先要教养良好、谈吐得体、修饰整洁，而且举止优雅！[13]

你心目中最理想的裙子长度是？

正确的答案要取决于"那位女士的腿有多好看"。[14]

对你而言，对裙子的选择有多重要？

一个女人看起来怎么样，并不在于她穿什么，而在于她怎么穿。[15]

时尚是怎样产生的，又是怎样过时的？

有时候人们确实会疑惑，一种风潮是怎么诞生的，为什么几十年前的廓形再次风靡一时。答案很简单，那就是流行和需求。当然设计师如何呈现这种风潮也很重要，因为大众的眼睛需要适应新鲜事物。[16]

你有比较偏爱的顾客吗？

我发现美国女人是全世界最容易造型的人，因为她们经常呼吸新鲜空气、经常运动。[17]

13 Ormond Gigli, "A Woman Chic," *The Los Angeles Times*, May 8, 1955, K9.

14 "Skirt Lengths Depend on Leg — Schiaparelli," *The Atlanta Constitution*, November 11, 1941, 7.

15 Gigli, "A Woman Chic."

16 J.F. "Le Cinéma influence-t-il la Mode?" *Le Figaro Illustré*, February 1933, 80.

17 Kahm, "How to Be Chic on a Small Income."

为什么她们这么特别？

没有人能比美国女人更有时尚触觉、更有机会用一点小钱就打扮光鲜。她们最大的问题在于每次都买太多东西了。置装就像是装饰一座房子——你不应该一次做完。[18]

你从美国获得了什么灵感吗？

毫无疑问。美国总是让我灵感迸发……而美国为全世界带来的最具有艺术性的东西就是建筑，而且我也深信，一个国家迟早会发展出属于自己的时装风格，而其中的独特性和美感，都来自这里的建筑。[19]

时装和电影之间有什么特别的联系吗？

电影！堪称展示时尚的绝佳舞台！要比戏剧好得多，因为在传统的剧场里，只有少数人能领略到时装的魅力，而电影的可能性则是无穷无尽的。只有电影才能最直接地影响大众的品位。[20]

跟我们说说你的出身背景吧。

我妈妈的妈妈有一点苏格兰血统（她的父亲是英国驻马耳他领事），从小在远东长大。她 12 岁时和我外祖父，一个意大利萨勒诺人结婚了。在 20 岁去世之前，她生了 5 个孩子，我妈妈是其中最小的。外祖父曾被波旁王朝当成政治犯关在监狱里，后来他逃出来了，一个舅舅顶替他坐了牢……然后他去了埃及，学了法律，成了埃及总督的顾问……我妈妈 10

18 Gigli, "A Woman Chic," K9.

19 "Schiaparelli Gives Ideas on Fashions," *The China Press*, April 12, 1933, 17.

20 Emma Cabire, "Le Cinéma & La Mode," *La revue du cinéma*, September 1, 1931, 24.

岁时就成了孤儿，然后被外祖父的朋友，佛罗伦萨的塞里斯托里（Serristori）伯爵收养了。我爸爸则出生于皮德蒙特高原的工业区。他的一个姐姐成了意大利所有修道院的总院长，一个哥哥成了著名的天文学家。[21]

你曾在罗马、伦敦和纽约都生活过，1927 年来到巴黎定居，搬进了学院路 20 号的一间公寓，这间公寓后来又成了你的第一间工作室。这里的家具布置非常特别，对吧？

让 - 米歇尔 - 法兰克 [2] 为我做了一张巨大的橘色真皮沙发，还有两张绿色的扶手椅。墙被刷成了白色，窗帘和椅套都是纯白的橡胶材质，质地坚硬、闪闪发光。桌子有点像桥牌桌，是黑色的，带有玻璃桌面；沙发椅是绿色橡胶的。整间公寓没费什么事，但看起来是那么崭新、那么特别，有一种莫名的魅力。我在这里举办了第一场正式的晚宴派对。香奈儿小姐也来了，看见这里的现代主义家具和黑色的碟子，她就像走进了一座墓地般颤抖起来。[22]

这次晚宴上发生了一些趣事，能跟我们讲讲吗？

那是晚春的一天，天气渐暖（当天晚上尤其炎热），不知不觉间，覆盖在椅子上的白色橡胶都融化了，粘在女人的裙子和男人的裤子上，但没人发现。晚宴结束后，人们站起身来，看起来就像是我那些毛衣上的漫画人物！[23]

---

[2]　让 - 米歇尔 - 法兰克（Jean-Michel Frank）：1895—1941，法国著名室内装修设计师，以极简主义著称。——译者注

21 Schiaparelli, 3-4.

22 Schiaparelli, 53.

23 Schiaparelli, 53.

没错，你第一次给时尚圈留下深刻印象靠的就是毛衣。你是怎么做到的？

灵感来自我朋友穿的毛衣。那件毛衣是手织的，用我的话说，看起来很"踏实"。很多人在报道里写，我职业生涯的开端，是在蒙马特尔的床边织毛衣。实际上我跟蒙马特尔不熟，也从来不会织毛衣……"你是从哪搞到这件毛衣的？"我问。"一个小女人那里……"那个小女人原来是个跟丈夫生活在一起的亚美尼亚农民……"如果我设计出图案，你能照样子织出来吗？"我问……然后我在衣服前面画了一只巨大的蝴蝶结，像围巾一样绕脖子一周——就是那种原始人小孩的画风。我说："蝴蝶结要是白色的，有个黑色的底，再下面又是纯白的底色。"[24]

显然，这个尝试成功了。

我变得非常大胆。继巨大的蝴蝶结之后，我们又做了围绕着脖颈的鲜艳编织手帕、鲜艳的男士领带、啤酒花图案的手帕。当时凭借《绅士爱美人》(Gentlemen prefer Blondes) 大红大紫的安妮塔·露丝（Anita Loos），是我的第一个私人顾客，在她的帮助下，我也迅速出了名。[25]

你自己敢不敢穿毛衣出席正式场合？

有一次，我努力催眠自己，相信自己魅力四射、充满自信，穿着毛衣去了一次正式的午餐——然后造成了轰动。当时的女人对毛衣很有好感。香奈儿已经做了好几年机织的连衣裙

24 Schiaparelli, 47.

25 Schiaparelli, 48–49.

和连体衣了。但我的毛衣不一样。所有的人都想要立刻、马上得到一件。[26] 很快，丽兹酒店的餐厅里就坐满了来自世界各地的女人，她们都穿着黑白色的毛衣。[27]

那些毛衣的特别之处在哪里？

我们会用对比色的羊毛毛线在毛衣内衬再缝上一圈来加固。从正面看，这些针脚浮现在整件毛衣底色之上，打破了单一色调的沉闷，也让人想起儿童时期的简笔画。[28]

26 Schiaparelli, 48.

27 Schiaparelli, 49.

28 Schiaparelli, 49.

"太阳神"（Phoebus）斗篷，1938—1939 年冬季"天文"系列

能为我们描述一下"兴旺的 20 年代"吗?

这是达达主义和未来主义大行其道的年代;这是椅子看起来
像桌子,桌子看起来像脚凳的年代;这是不合适追问一幅画
或一首诗到底代表什么意义的年代;在这个年代,细碎的幻
想成为禁忌,只有本地土著才记得巴黎跳蚤市场;在这个年代,
女人没有腰身,穿戴玻璃珠宝,压扁了屁股,假装是男孩。[29]

**1935 年,为了庆祝你的时装屋在旺多姆广场开张,你决定发明一种
特殊的面料。**

那年夏天我跟几个朋友一起……去旅行……我们沿着运河穿
越瑞典……来到哥本哈根。某一天,夏帕去了鱼市场,在那里,
老年女性……头戴着用报纸扭成奇怪形状的帽子。夏帕站在
那里看了一会儿。回到巴黎后,她找来科尔孔贝,最大胆的
的面料设计师。"我想要一种图案像报纸一样的面料。"她说。
"但这永远卖不出去!"男人吓坏了,喊道。"我觉得能卖出
去。"夏帕说。她搜集来关于她自己的新闻,这些新闻用各
种语言写成,其中有些是赞美,有些不是。她把新闻简报贴
在一起,像字谜一样,然后印在丝绸和棉布上。她把这些花
花绿绿的面料做成了衬衫、围巾、帽子,还有各种有的没的
的毛巾。[30]

**你还做了一件当时人们闻所未闻的事情:你在时装屋的楼下开了一
间自己的精品店。**

在旺多姆广场,夏帕开启了一个全新的时代。1935 年对夏帕

29 Schiaparelli, 49.

30 Schiaparelli, 73–74.

来说是那么的忙碌，她简直无法相信自己坚持了下来。首先最重要的是精品店的诞生。夏帕精品店，是全世界第一家精品店，自此之后不仅被全巴黎所有伟大的时装设计师们仿效，甚至还迅速在全世界传播开来，特别是在意大利。这家店迅速出了名，因为那句"时刻准备好让你带回家"的理念。店里有各种实用而有趣的小东西，吸引着年轻人，比如晚装毛衣、短裙、衬衫，还有曾经被高级定制看不上的各种配饰。[31]

1937 年，你还推出了著名的"震惊"（Shocking）香水，大胆的瓶身设计借鉴了梅·韦斯特（Mae West）的身体曲线。

梅·韦斯特来到了巴黎。她躺在我工作室的工作台上，接受

31 Schiaparelli, 70–71.

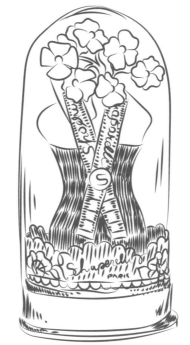

"震惊"香水瓶

了小心而精确的测量。她还告诉了我关于她身体所有隐秘的细节。为了让造型更加精确，我们还做了一尊她裸体的塑料雕像，动作借鉴了《米洛的维纳斯》（*Venus de Milo*）。[32] 在这瓶子之中，香水也被塑造为女性身体的形状。这个著名的夏帕瑞丽香水很快成为时装屋的标志。但我们花了一年多，才调配好香水。[33]

你是怎么选出著名的"震惊"色的？

我一直在给这款香水想名字和选颜色。名字必须是 S 开头，这是我的一个小小迷信。给香水起名字很难，字典里每个词都像是已经被注册了似的。香水的颜色却已经浮现在我的眼前，明亮的，令人意外的，粗野的，美妙的，提神的，像是世界上所有的光芒、所有的飞鸟、所有的游鱼加在一起；这应该是一种属于中国或是秘鲁的颜色，它不属于西方世界——一种震惊的颜色，纯粹、浓烈。因此，我把香水命名为"震惊"。香水的发布会应该是令人震惊的，所有的配饰、时装都应该是令人震惊的。这在我的朋友和同事之间引发了一场小小的骚动，刚开始，他们觉得我疯了……但我们立刻取得了巨大的成功；香水没有打广告，就成了最畅销的一款，"震惊"色也成了永恒的经典。就连达利（Dali）都把一只毛绒玩具熊染成了"震惊"的粉色。[34]

你的品位是如何形成的？

我们工作起来很努力，玩起来也很尽兴。一个又一个系列的

32 Schiaparelli, 95.

33 Schiaparelli, 96.

34 Schiaparelli, 96–97.

主题就这么做出来了。在异教徒主题的系列里，女人们穿得就像是从波提切利（Botticelli）的画里走出来的一样，简单的吊带长袍上点缀着花环、树叶和娇嫩的花朵。还有一个天文主题的系列，里面有星座、月亮和太阳的元素。

最疯狂、最大胆的一个系列是马戏团主题的。巴纳姆[3]、贝利[4]、戈洛克[5]、法塔里尼三兄弟[6]在端庄华贵的展厅里跳着放肆而疯狂的舞蹈，在楼梯上上下下，在窗台进进出出。小丑、大象和马匹的图案围绕着"小心油漆"的字样。这个系列里的手袋是气球的造型，手套是鞋套的造型，帽子则是冰激凌蛋筒的造型，还有训练有素的狗、淘气的猴子……一时之间人们都对此燃起了巨大的热情。没有人会质疑："谁能穿上这些？"实际上，夏帕不仅没有丢掉任何一个富有、保守的老客户，还获得了许许多多新客户的青睐——当然，还有所有的明星！ [35]

你的另一项创新之举是敢于运用拉链。

就算是在时装业最艰难的岁月里，哪怕潮流变得再古怪、再愚蠢，都逃不开与政治之间的关系。夏帕发现了这一点，在豪华的时装之上装点着珍珠，或是醒目的条纹。不过最让那

---

[3]　巴纳姆（Barnum）：世界大马戏团和巴纳姆·贝利马戏团创始人。——译者注

[4]　贝利（Bailey）：巴纳姆·贝利马戏团创始人。——译者注

[5]　戈洛克（Grock）：20世纪初瑞士著名的小丑，人称"小丑之王"。——译者注

[6]　法塔里尼三兄弟（the Fratellinis）：著名的小丑组合。——译者注

35 Schiaparelli, 99.

些可怜的喘不上气的记者们受到惊吓的，是拉链。这不仅是拉链第一次被用在时装上，而且还被用在了最意想不到的地方，甚至是晚礼服上。整个系列里充斥着拉链。买手们都被震惊了，只能买啊买。他们也被各种奇特的纽扣迷倒。实际上，这些已经成为我们时装屋的标志了。[36]

跟我们说说那些奇特的纽扣。

尽管拉链风头无双，但纽扣之王依然稳稳地统治着夏帕的时装王国。我们用过所有最意想不到的材质，动物和羽毛、漫画和镇纸、链子、锁、别针，还有棒棒糖。有些是木头的，有些是塑料的，但没有一颗看上去像是纽扣应该有的样子。除此之外，我们还有非同寻常的首饰，像是常青藤形状的瓷釉项链，世上第一副树脂玻璃的手镯和耳环。这些首饰的设计师都拥有无与伦比的才华。其中一个叫让·克莱芒（Jean Clément），他是一个独一无二的天才，一个真正的法国艺术家，他对工作如痴如狂，热情似火。有时候我们都已经绝望了，只想随便找到个什么东西来别住衣服，在最后一刻，他出现了。他的脸上洋溢着胜利的微笑，然后把袋子里的东西都倒在我的膝盖上，焦急地等着我的赞扬。在他有空的时候，他会发明一些奇怪的小玩意儿，比方说有一种可以别在衣领上的别针，在走夜路时还能提供照明。[37]

关于你与一些著名艺术家之间的关系，已经有过很多报道和传闻了。

让·谷克多（Jean Cocteau）给我画过几幅头像。我复制了

36 Schiaparelli, 72.

37 Schiaparelli, 98.

其中几幅，印在一条晚礼服的背面；还有一幅满头金色长发垂到腰间的画像，被印在了一件灰色的尼农西装上。我有一段时间经常跟他见面。[38] 阿拉贡[7] 和他的妻子艾尔莎·特里奥莱（Elsa Triolet）为我设计过项链，看起来像是阿司匹林药片。现在给我设计纽扣的人，是维克多·雨果（Victor Hugo）的曾外甥。[39] 达利是我的老朋友了。我们一起设计了一件带有很多抽屉式口袋的外套，灵感就来自他的一幅名画。另一项革命性的发明，是那顶高跟鞋形状的黑色礼帽……还有一顶帽子长得像块羊排，骨头上带有白色褶边。这一切，都让夏帕古怪的名声更加响亮了。[40]

从这些合作中，你还获得了什么？

比起现在，当时的艺术家们对于时尚的参与度要高很多。杂志会鼓励我们的合作，并向我们寻求帮助和建议。当我翻阅战前的杂志时，我被过去和今天的区别震惊了。当时的时装展示就像是一门艺术，一种真正美好的事物，发挥才华和进行创作是非常重要的。那时候，时装展示不仅关乎广告和利润，人们所关心的不仅仅是谁会来买，这件衣服可以生产多少件。

现在的时装变得无趣起来了，对世界的呈现也非常片面。跟克里斯蒂安·贝拉尔、让·谷克多、萨尔瓦多·达利（Salvador Dalí）、韦尔特斯（Vertès）、范·东根（Van Dongen）之类

---

[7]　路易·阿拉贡（Louis Aragon）：法国诗人、作家、政治活动家，代表作诗集《艾尔莎的眼睛》。——译者注

38 Schiaparelli, 98.

39 Schiaparelli, 9–99.

40 Schiaparelli, 97–98.

的艺术家共同创作，跟霍斯特（Horst）、塞西尔·比顿和曼·雷（Man Ray）这样的摄影师合作，总是让人兴致勃勃。在只是为了做一件裙子卖掉的残酷而无聊的现实之外，你会因此感到被支持、被理解。[41]

在第二次世界大战期间，你决定还是继续开着时装店。

当我们收到空袭轰炸的警报时，大多数店员都要被遣散；但在没有警报的时候，我们会带着没用的防毒面具回到城里。有些人把防毒面具忘记在了出租车上，有人拿它当手袋用，或者在里面藏一瓶威士忌或金酒。在发生空袭警报时，还是来点酒比较令人神经放松。夏帕把员工召集起来，问他们愿不愿意回来上班，工资会低一点，因为生意也不好。他们都坚定而优雅地答应了。这么一来，生意又悄悄开张了。[42]

我怀疑有没有人充分意识到当时法国政府可以充分利用时装制造业来进行宣传。反对女性化打扮所造成的影响是巨大而残酷的，甚至比戏剧和书籍的影响还要大。我们曾经有 600 名雇员，后来减少到了 150 名。我们店铺里女店员们坐的黑色小椅子，几乎有一半都空了！有些女店员还得步行 12 英里来上班。我们在 3 周之内赶出了一个时装系列，希望可以得到一些反响。这个系列里有"带上现金"（Cash and Carry）大衣，这款大衣的口袋非常大，当你遇上紧急情况要离开家，或者想不带包去上班，就可以把所有东西都放在大衣口袋里。这样你可以解放自己的双手，但看起来还是很有女人味。还有一条晚礼服裙，平时看起来像是日装。当你

41 Schiaparelli, 75.

42 Schiaparelli, 110–11.

从地铁里钻出来，要赶赴晚上的一场聚会，只需要轻轻拉动一根丝带，日装就会变长，成为一条晚礼服。这个系列里有马其顿防线蓝、外国军团红、飞机灰，还有一件羊毛西装可以折叠起来放在床边的椅子上，晚上如果遭遇空袭，可以迅速穿上进入地下防空洞。甚至还有一件白色西装，可以抵御毒气。[43]

当时你们遇到了什么样的困难？

当然，战争刚一开始，法国的时装业就遭遇了巨大的危机。这一产业中所有的分支都受到了影响，一切都糟透了。我们也无处求助。首当其冲的是配饰，因为做手袋和纽扣的皮子和金属都被军队征收走了。还有一些丝绸要被用来做降落伞……特定的颜料，特别是某些黄色颜料，被禁止使用。很快，我们学会了如何在这些原料缺失的情况下继续工作。我们所能依靠的只有个人奋斗和各种创造发明了。[44]

能跟我们举几个例子吗？

没了纽扣和安全别针，我们还能用狗链子来束住衣服和裙腰。我们在丝巾上印着墨利斯·雪弗莱（Maurice Chevalier）的一首新歌，歌词描绘的是巴黎人所面临的各种管制。像这样："星期一——没有肉。星期二——没有酒。星期三——没黄油。星期四——没鲜鱼。星期五——没有肉。星期六——没有酒……但是星期天——爱情天长地久。"我们把粗花呢半裙的一侧撕开，这样穿着也能骑自行车，露出裙子里面与衬

43 Schiaparelli, 113–14.

44 Elsa Schiaparelli, "Needles and Guns," *Vogue*, September 1940, 57.

衫花色相配的鲜艳的灯笼裤。伟大的时装业就这样继续着，我们用工作和幽默填满了每一小时、每一分钟、每一秒，这样我们的灵魂就不至于在绝望中沉沦。[45] 我们缺乏的不仅是原料，还有人手。男人们要么在战俘集中营里，要么被流放了。模特因为营养不良，全都骨瘦如柴。羊毛太少，不够给羊毛外套做内衬；皮草更是完全消失了；每条裙子最多只能用三码布料，每个系列最多只允许出 60 件单品。[46]

1942 年，你去了纽约，在那里举办了一场名为"超现实主义的最初文本"（First Papers of Surrealism）的展览。

为了厘清现在与未来，我想举办一场极尽现代、先锋的发布会，我觉得这应该会很有意思。为此我还找了马塞尔·杜尚（Marcel Duchamp），当时他已经凭借《下楼梯的裸体女人》（A Naked Woman Descending a Staircase）震惊了整个艺术圈。我请他来帮我策划。

马塞尔是个非常特别的人。当他认为自己想表达的东西都已经说完了，就选择放弃绘画，转而去下象棋，还成了冠军，这实在是超现实主义最完美的注脚。他答应跟我合作，然后艰难地离开他索然独居的世界，来完成这件轰动一时的作品。挑高的展厅被挂着作品的一块块展板隔开，展板之间牵着一条条绳索，组成一座迷宫，引着参观者从一幅画走到另一幅画，特定的参观顺序带来了视觉上强烈的对比感。开幕那一天，一群小孩在困惑的参观者之间穿梭来去，玩弄着气球。那是一组非常精彩的绘画作品，其中包括当时最出名的当代

45 Schiaparelli, 115.

46 Schiaparelli, 174.

艺术家，像是一组 1937—1938 年的毕加索作品，此前还没在
美国展出过呢。[47]

当时你有多走红？

不久之前，有人在纽约 42 街和第五大道的路口做了一个调查，
询问过路人对他们来说最有名的法国人是谁。我非常荣幸也
非常意外地得知，我的名字位列第一。[48]

战后，你回到了巴黎。你是什么时候发现一切都起了变化的？

这还要追溯到 1947 年，改变的钟声敲响了。他们非常机智地
掀起了一场"新风貌"的浪潮，而这一浪潮很快就深入人心、
大获成功。[49]

你为什么决定在 1954 年关闭你的时装屋？

我们的衣服必须定一个很高的价格，而女人们不再支付得
起了。[50]

对我们的女性读者，你有什么专业的建议吗？

你一定要在脑中时刻记住：只买真正的好东西，不要害怕经
常穿戴这些好东西，也不要害怕这些好东西"过气"了。如
果你有好衣服、好品位，那你永远都是时髦的，根本不必在
意来来去去的潮流。[51] 如果你发现了穿起来很适合你的衣服，
也不要怕穿起来太醒目了。[52]

47 Schiaparelli, 167.

48 Schiaparelli, 184.

49 Schiaparelli, 186.

50 Henry Wales, "Elsa Schiaparelli to Quit Designing Expensive Dresses," *Chicago Daily Tribune*, March 12, 1954, B7.

51 Kahm, "How to Be Chic on a Small Income."

52 Gigli, "A Woman Chic."

说起来总比做起来容易。

如果没有别人的帮助和评价，没有女人能对自己建立一个客观的认识……所以在穿衣打扮这件事上，可以寻求外界的帮助；可以的话，问问专家的意见。[53]

我们应该如何打造自己的衣橱？

不管你是想要进军好莱坞，还是在意中人面前留下完美的印象，或者只是想时髦一点，以下建议都可以帮到你……首先在衣橱里添一件上好的西装，如果预算允许的话，接着来一件大衣，两条适合午后或晚餐的纯色连衣裙，一条冬天和夏天都可以穿的晚装连衣裙，然后是一件罩衫。你的第一条连衣裙，我的推荐是选择绉绸质地，可以搭配围巾和带有毛领子的黑色外套。至于晚装连衣裙，如果是参加非正式派对，可以搭配小夹克，正式场合就单独穿。冬天时应该添置一件中长款的皮草大衣，如果买不起皮草，就买厚的粗花呢。[54]

配饰有多重要？

鞋履、帽子、手袋和手套都无比重要，而且你要考虑它们之间的搭配度。它们的颜色应该和谐……你要有至少两顶帽子，一顶用来搭配牛津鞋和休闲衬衫；有了考究的衬衫和帽子，再加上一双便鞋，就足以应付任何下午的社交场合了。[55] 至于鞋子，你至少要有一双牛津鞋、一双古巴跟（即直跟）皮鞋、一双金色或银色（这两个颜色比较耐久）的晚装凉鞋。

鞋子不应该太引人注目。不要穿加了饰品、蝴蝶结、孔

53 Blythe, "Mirrors Can Lie."

54 Kahm, "How to Be Chic on a Small Income," 60.

55 Kahm, "How to Be Chic on a Small Income."

洞的夸张鞋履。一双好鞋应该看起来很得体，尽可能低调，鞋跟要适合穿着者的体型……有时候鞋子太隆重了，你就注意不到这个人穿的衣服是什么样的了。[56]

那手袋呢？

有一只好手袋，要好过有半打质量一般的手袋。[57]

戴不戴珠宝？

珍珠，包括便宜的假珍珠，都能提升品位。设计时髦的纯金饰也是很好的选择。避免长耳环，除非是出席晚宴；要像远离瘟疫一样远离廉价的串珠。总而言之，越简单越好。[58]

为什么更强调上半身的穿着？

如果能把注意力都吸引到肩膀上，身体其他部位就会看起来更纤细，达到一种埃及人的美感。[59]

你会如何总结自己非同寻常的职业生涯？

在我的时装屋里，永远不许出现这两个词——"创作"，因为这个词让我觉得过于狂妄自大；还有"不可能"。[60]

56 Kahm, "How to Be Chic on a Small Income."

57 Gigli, "A Woman Chic."

58 Kahm, "How to Be Chic on a Small Income."

59 Linda Greenhouse, "Schiaparelli Dies in Paris; Brought Color to Fashion," *The New York Times*, November 15, 1973, 93.

60 Schiaparelli, 56.

克里斯托巴尔 · 巴伦西亚加肖像

6

CRISTÓBAL BALENCIAGA

克里斯托巴尔·巴伦西亚加

拥有自由灵魂的西班牙设计师克里斯托巴尔·巴伦西亚加，被人们称为"巴黎高级时装界的嘉宝"。[1] 他直到去世前几个月才开始接受媒体的采访，因此我在此访问了 7 位他同时代的名人，借此帮助大家更加深入地了解这位"被我们称为（克里斯托巴尔）陛下"的男人；[2] 人们还这样评价这个男人："如果有谁能在时装界封神，那一定是克里斯托巴尔·巴伦西亚加国王。"[3]

1 John Fairchild, *The Fashionable Savages* (New York: Doubleday, 1965), 47.

2 No author, "Dictator by Demand," *Time*, March 4, 1957.

3 Fairchild, 45.

在此，我们邀请到了塞西尔·比顿，贝蒂娜·巴拉德 [1]、约翰·法乔德 [2]、普鲁登士·戈林 [3]、卡梅尔·斯诺 [4]、戴安娜·弗里兰 [5]，以及最重要的，铁面无私的可可·香奈儿。

塞西尔·比顿爵士，对时尚界来说，巴伦西亚加有多重要?

在当今世界的一众时装设计师之中，巴伦西亚加是那么与众不同，他像是伊丽莎白时期一个愤世嫉俗的人，独自思考时尚的瑕疵和愚蠢，但同时又通过他那经典的西班牙视角来观察这个世界，为此奋斗和创作。虽然他和克里斯蒂安·迪奥都处在时尚界的顶端，都拥有无与伦比的天赋，并且他们互相欣赏，但这二者其实恰恰相反。如果把迪奥比作时尚界的华托 [6] ——富有细节、时尚感、微妙感和时代感，那么巴伦西亚加就是时尚界的毕加索。在他富有当代感的实验性作品之下，其实隐藏着对传统的敬意，以及充满古典意味的线条。4

在他的作品中，巴伦西亚加展现出了法式的优美和西班

---

[1]　贝蒂娜·巴拉德 (Bettina Ballard)：*Vogue* 杂志时装编辑。——译者注

[2]　约翰·法乔德 (John Fairchild)：《女装日报》出版人和编辑。——译者注

[3]　普鲁登士·戈林 (Prudence Glynn)：《时代》周刊记者。——译者注

[4]　卡梅尔·斯诺 (Carmel Snow)：*Harper's Bazaar* 杂志主编。——译者注

[5]　戴安娜·弗里兰：*Harper's Bazaar* 杂志时装编辑、*Vogue* 杂志主编、大都会艺术博物馆时装学院顾问。——译者注

[6]　让 - 安东尼奥·华托 (Jean-Antoine Watteau)：法国画家。——译者注

4 Cecil Beaton, *The Glass of Fashion* (New York: Doubleday, 1954), 304.

牙式的力量。他的时装优雅而可靠，就像设计师本人一样，这些衣服配得上国王，也可以穿在平民身上……巴伦西亚加使用面料的方式，就像雕塑家使用石料。他能徒手撕开一件西装，也能把自己的创意变成现实。有时候他甚至不需要画草图，光靠脑海中的想象就能把衣服做出来。[5] 巴伦西亚加的色彩感觉更是无比的敏锐和精确，他能从 400 种颜色中准确无误地选出自己想要的那种。[6]

如果你愿意了解时装设计的艺术，愿意思考它的意义和本质，那你一定会承认，巴伦西亚加就是当今设计师中当之无愧的大师级人物。[7]

5 Beaton, 308.

6 Beaton, 314.

7 Beaton, 309.

有着"甜瓜"袖设计的灰色羊毛外套，1950 年 9 月欧文·佩恩（Irving Penn）为 *Vogue* 杂志拍摄

约翰·法乔德，请告诉我们巴伦西亚加是如何开始他的职业生涯的。

他的职业生涯始于 13 岁，在他的家乡赫塔里亚（Guetaria）。这是一个建成于 13 世纪的西班牙小渔村，他的父亲在这里当船长，而他的妈妈则为夏天来度假的有钱人缝衣服。当时克里斯托巴尔还在读书，同时他在圣塞巴斯蒂安当地首家百货商店卢浮沙龙（Galerias El Louvre）找了份工作。[8] 1937 年西班牙内战期间，巴伦西亚加离开西班牙，来到巴黎，在乔治五世大街 10 号开了他的第一家时装屋。从此以后，他建立起了属于自己的时尚圣殿，用设计师安东尼奥·卡斯蒂略（Antonio Castillo）的话说，全世界的优雅女人和时尚买手来到这里，"不是为了看一个系列的时装，而是为了朝拜巴伦西亚加的圣堂"。[9]

贝蒂娜·巴拉德，你会如何形容他？

1937 年，我和安德烈·德斯特（André Durst）在巴黎第一次遇见了克里斯托巴尔·巴伦西亚加，当时他是一个声音柔和、肤色苍白细腻如蛋壳的西班牙青年，他那线条优美的脑袋上，长着一头浓密、闪耀、层次丰富的卷发。他的声音像是羽毛，而他那亲切、闪烁的微笑充满了真挚的喜悦，给他的脸庞增添了几分真诚可亲。他还具有一种与生俱来、无法模仿的魅力——正是这种魅力，让这些年来与他一起工作过的人都心甘情愿为他奉献。[10] 我还记得有一次，记者们群情激动地踩着脚，声嘶力竭地大喊"干得好！"好像刚刚目睹了最精彩的时装发布会一样。我走过去一看，原来他只是穿着一件白

8 Fairchild, 45.

9 Fairchild, 46.

10 Bettina Ballard, *In My Fashion* (New York: Secker & Warburg, 1960), 109.

位于巴黎乔治五世大街 10 号的巴伦西亚加时装屋，以及吉妮·珍妮特（Janine Janet）设计的橱窗展示

色的工作服，沿着针脚撕开一件他刚刚拿出来展示的西装。"这件做得不对——从一开始就不对。"他不在乎人群的欢呼，也好像感觉不到疲惫——只有工作是他永恒的动力。[11]

你怎么看，斯诺女士？

当我开始在巴伦西亚加那里购置我大多数衣服之后，他经常让我去他家里帮他试装。在试装过程中，他一直喋喋不休，直到满意；他经常要求调整颜色……对巴伦西亚加来说，除了他的家人，以及少数几个他认可的朋友，工作就是他生命的全部。[12]

香奈儿小姐，根据可靠消息，你曾经和克里斯托巴尔·巴伦西亚加非常熟悉。

有一天，我跟我喜欢而敬佩的好朋友巴伦西亚加说："克里

11 Ballard, 110.

12 Carmel Snow with Mary Louise Aswell, *The World of Carmel Snow* (New York: McGraw-Hill, 1962), 166.

斯托巴尔，小心了。你有属于你自己的风格。坚持这个风格。这是他们来找你的原因——为了巴伦西亚加风格——就像他们来找我，是为了我的西装一样。你的线条质朴、简约、优雅。你的风格需要这种线条。所以，克里斯托巴尔，小心点，坚持做自己——无论是风格、面料还是颜色，都要选用最好的。"[13]

法乔德先生，你介意再跟我们讲讲巴伦西亚加和香奈儿的友情吗？

巴伦西亚加和香奈儿曾经是非常亲密的朋友。巴伦西亚加和香奈儿并肩漫步在苏黎世的森林里，堪称时装史上最有意义的一幕。但在瑞士度过的那些平静而美好的时光突然之间一起不复返了。脾气暴躁的香奈儿对一家法国报纸的记者说了他一番坏话，这深深刺伤了她这位敏感的朋友。当我们的"国王"看见报纸的时候，立刻命令秘书把香奈儿送的所有礼物都打包起来送了回去。[14]

比顿先生，你觉得巴伦西亚加给我们留下的最珍贵的遗产是什么？

骄傲，西班牙风格，经典。他是变幻莫测的时尚之海中央一块奇怪的石头，奔流的时代浪潮想尽办法把他卷走，但他就是岿然不动。[15]

你想补充些什么吗，约翰·法乔德？

巴伦西亚加开创了训练有素、低调质朴、时髦有型的时装风格。[16]

13 Lucie Noël, "She Twice Conquered Fashion World," *The Herald Tribune*, August 4, 1960.

14 Fairchild, 45.

15 Beaton, 314.

16 Fairchild, 46.

弗里兰女士，你在大都会艺术博物馆策划了一场巴伦西亚加的回顾展。你如何评价他对时尚界的贡献？

巴伦西亚加把身体和时装和谐地结合在了一起，穿上他设计的衣服的女人会立刻发现自己与宇宙之间回响着完美的韵律。她会发现自己身上的衣服无论是颜色还是搭配都是那么令人愉悦，几近完美。他热爱娇媚的蕾丝和绸带，飘扬的塔夫绸，还有风情万种的日装，然后用西方世界前所未有的天分和热情裁剪这一切。[17]

普鲁登士·戈林，你是唯一有幸采访巴伦西亚加先生的记者，采访中最令你意外的是什么？

我从来没有想到这位一丝不苟的人物会是幽默的，但他确实如此，他的眼中闪耀着风趣的光芒。[18]

那么，巴伦西亚加先生，我很荣幸能邀请你来发表最后的感言。

在我年轻的时候，有一位业内人士曾断言我永远无法从事时装业，因为我过于脆弱。没人知道这职业有多艰难、多残酷。在这一切奢华和璀璨的表象下面⋯⋯是狗一般的生活。[19]

17 Diana Vreeland, "Balenciaga: An Appreciation," in *The World of Balenciaga* (New York: The Metropolitan Museum of Art, 1973), 9.

18 Prudence Glynn, "Balenciaga and la vie d'un chien," *The Times*, August 3, 1971.

19 Glynn, "Balenciaga and la vie d'un chien."

克里斯蒂安·迪奥肖像

CHRISTIAN DIOR 克里斯蒂安·迪奥

7

迪奥先生，像你这样有名的人，生活是什么样的？

我的生活就是准备一个又一个系列的时装，以及随之而来的痛苦、快乐和失望。[1]

私下里的克里斯蒂安·迪奥非常传统，而作为设计师的另一个你享有世界级的声誉。你似乎把这两者分得很清楚。

一个是公众眼中的克里斯蒂安·迪奥，一个是作为个人的克

1 "La Mode a perdu son Roi," *Paris Match*, November 1, 1957, 4.

里斯蒂安·迪奥——这二者之间的距离似乎越来越远。有一件事可以肯定：我于 1905 年 1 月 21 日出生于诺曼底的格兰维尔，父亲亚历山大·路易斯·莫里斯·迪奥（Alexandre Louis Maurice Dior）是一名商人，母亲玛德琳·马丁（Madeleine Martin）是一名家庭妇女。我有一半巴黎血统，一半诺曼底血统，我至今依然对诺曼底充满了感情，虽然我很少去那里。我喜欢跟老朋友相聚，讨厌俗世的喧嚣和剧烈的变化。（你们关心的）那一个是时装设计师。他身处蒙田大道上华丽的建筑里，背后是他的团队、时装、帽子、皮草、鞋袜、香氛、公众的注意力、媒体的拍摄，甚至有一场小小的不流血的革命——这场革命的武器是剪刀，而不是刀剑——他的影响力延伸到这个世界的每一个角落。[2] 我的同乡古斯塔夫·福楼拜曾在《包法利夫人》一书出名后说过："我是包法利夫人。"如果时装设计师克里斯蒂安·迪奥遇到相同的情况，我肯定也会竭尽全力为自己说："我就是他！"无论我愿不愿意承认，我最终极的希望和理想都呈现在了他的创作里。[3]

这是怎么实现的？

有时候我能感觉到是另一个克里斯蒂安·迪奥在说话、走路、打理生意。这时，我会停下手头的事情，久久地、深深地注视自己。我想，你也可以说我人格分裂。[4]

当你还处于青少年时期，生活在诺曼底的时候，有个算命师预测了你的未来。她到底跟你说了什么？

2 Christian Dior, *Christian Dior and I*, trans. Antonia Fraser (New York: Dutton, 1957), 10.

3 Dior, *Christian Dior and I*, 11.

4 Christian Dior, conversation with Alice Perkins and Lucie Noël, January 10, 1955, transcript, Centre de Documentation Mode, Musée des Arts Décoratifs, Paris.

你会很穷，但你会通过女人获得成功。你能从中赚到很多很多钱，去很多很多地方旅行。那句模棱两可的"你会从女人身上赚很多钱"后来真的成了现实，但当时却让我和我爸妈非常迷惑。5

你还开过画廊。

我很有幸结识了一些画家和音乐家，特别是贝拉尔[1]、达利、索盖[2]、普朗克[3]，我跟他们关系很好，我也很高兴他们取得了我永远也不会取得的成功。有让我敬重的朋友在我身边，我就很高兴了。6

你是怎么进入时尚界的？

当时我跟一个叫让·欧泽内[4]的朋友一起住在巴黎，他当时在设计长袍和帽子。为了让我振奋起来，他建议我也跟他一起设计，我就是这样开始的。在他和麦克斯·肯纳（Max Kenna）的指导下，我战战兢兢地开始了第一张速写。我和他的速写混在一起送去时装屋给他们看，令我意外的是，我的速写很快被卖掉了。获得了初步的胜利，我大受鼓舞，于是没多想就开始了职业生涯。当时我算是无知者无畏，参考

---

[1] 克里斯蒂安·贝拉尔（Christian Bérard）：时尚插图画家。——译者注

[2] 亨利·索盖（Henry Sauguet）：作曲家。——译者注

[3] 弗朗西·普朗克（Frances Poulenc）：作曲家、钢琴家。——译者注

[4] 让·欧泽内（Jean Ozenne）：时尚插画师。——译者注

5 Christian Dior, "Dior par Dior, les carnets secrets d'un grand couturier," *Le Temps de Paris*, May 16, 1956, 12.

6 Christian Dior, *Talking About Fashion*, trans. Eugenia Sheppard (New York: Putnam, 1954), 6.

着杂志上的时装样式设计了第一个时装系列。而这个系列还奇迹般地卖了出去。[7] 这时我才意识到我所向往的这份工作需要付出怎样的努力：在时装屋的接待处或是大酒店的大堂里漫长的等候；最后关头才发给你的订单。事实证明，这严酷的一课对我帮助很大。[8]

1938 年，罗伯特·皮埃特（Robert Piguet）雇你做他的设计助理。

这是一个我等待已久的机会。我终于能进入工作坊工作了！我激动万分地接受了这份工作。后来发生的一切让我相信，我的第一个服装系列算是成功了，因为我在这家时装屋里获得了一定的地位。[9] 和罗伯特·皮埃特相处的几年，是一段很美好的回忆。在这家公司里，时不时就会有人搞点小阴谋出来（我不得不承认，有时候我亲爱的老板会故意出手掺和，以获得一些邪恶的乐趣），但至少所有的争端都会以体面的方式得到解决。[10]

跟他共处的这段时间，你学会了什么？

我学会了"省略"。这很重要。在那里，服装设计的技巧被有意识地简化了……但皮埃特知道，只有够简约，才能够优雅，他也教会了我理解这一点。我应该感谢他的地方很多，不过最应该感谢他的，是他让我在还没有太多经验的时候就获得了充分的自信。[11]

7 Dior, *Talking About Fashion*, 7–8.

8 Dior, *Talking About Fashion*, 13.

9 Dior, *Talking About Fashion*, 15.

10 Dior, *Talking About Fashion*, 16–17.

11 Dior, *Talking About Fashion*, 18–19.

1941 年，你开始给卢西安·勒龙（Lucien Lelong）工作。

在这家有很多员工和附属产业的大型时装屋里，我和皮埃尔·巴尔曼共同负责设计的工作。我觉得，他的性情很讨人喜欢——当然我也是！——因此我们俩的合作非常默契，你可能找不出另外一对像我们这样互相理解的设计师了。毕竟，时尚的附属产物一直都是竞争，甚至是对抗。总之，我们的合作中避免了任何的算计和妒忌，设计才是我们最关心的。但巴尔曼只把这份工作当作跳板。他当时就已经梦想着有朝一日要以自己的名字开一家时装屋。他还鼓励我也追求自己的梦想。他经常跟我说："克里斯蒂安·迪奥会是一个不错的时装品牌名字！"[12]

皮埃特和勒龙的设计手法有什么不同？

如果说罗伯特·皮埃特代表了优雅，那卢西安·勒龙就代表了传统。他不亲自做设计，而是通过手下的设计师完成设计。不过在他作为时装设计师期间，他的时装系列充满了他的个人风格，跟他本人的气质类似。我在跟随卢西安·勒龙的时候，开始了解了贸易。我还学会了一个重要的原则——时装制造的关键在于如何利用原料。用同样的灵感和同样的原料，可能会做出一条成功的裙子，也可能完全失败。这取决于你是否善于利用布料天然的秉性，这一点是设计师必须遵从的。[13]

当时你最崇拜的设计师是谁？

如果让我回想一下当时我对时尚和优雅的看法，脑海里立刻

12 Dior, *Talking About Fashion*, 26–27.

13 Dior, *Talking About Fashion*, 25–26.

会出现这两个名字：香奈儿和莫利纽克斯 (Molyneux)。[14] 曼波彻（Mainbocher）的衣服我也觉得很美，但我之前说过，我更喜欢莫利纽克斯。他的设计都是人们前所未见的。他的设计风格对我影响最大。到了 1938 年，一颗名叫巴伦西亚加的明星冉冉升起，我非常仰慕他的才华。还有格蕾夫人，她借用阿历克斯（Alix）这个名字开设了时装屋，她的每一件裙子都称得上杰作。服装设计界从这两位设计师身上受益匪浅。我还必须提及两位我从来没见过的女性，因为我进入时尚界的时候她们的时装屋就已经推出了。我所见过的她们的每件设计都称得上时装界品位与完美的巅峰之作。她们是奥古斯塔·伯纳德（Augusta Bernard）和路易丝·布朗热 (Louise Boulanger)。[15]

那香奈儿小姐呢?

香奈儿小姐是巴黎最聪明、最迷人的女人之一，我非常仰慕她。即使对于一个外行来说，她的优雅风格都是那么令人瞩目。她用一条小黑裙和十层珍珠项链颠覆了整个时尚界……她的个人风格是她所处那个时代的产物：她为优雅的女人，而不是美丽的女人，打造属于自己的风格，并就此宣告那个属于华丽装饰、羽毛和盛装的年代结束了。[16]

你怎么看待玛德琳·维奥内特的作品?

我必须承认，在我刚刚决定成为时装设计师，并且沉迷于技巧之中的时候，她的衣服最让我感兴趣。我越是深入这一门

14 Dior, *Talking About Fashion*, 8.

15 Dior, *Talking About Fashion*, 20–21.

16 Dior, *Talking About Fashion*, 8–9.

艺术，就越是理解她的精妙和杰出。从来没有人能在时装设计这门艺术上达到她这样的高度。[17]

那艾尔莎·夏帕瑞丽呢？

如果要纵观时装的历史，那就是在她的时代，也就是第二次世界大战之前，我看到了夏帕瑞丽那压倒一切的风格和想象力，简直无法用语言来形容；但她带来的那种风尚，代表了优雅，而这种优雅跟让-米歇尔·弗兰克（Jean-Michel Franck）的室内设计和超现实主义的奢华风格不谋而合……[18]

第一次世界大战和第二次世界大战之间的时期特别具有革新性。

保罗·波烈改变了一切。当时的时装界像是中世纪风格回光返照一样极尽奢华，但他用寥寥几剪和出人意料的色彩，创造出了激动人心的新衣服。还有玛德琳·维奥内特、珍妮·浪凡和香奈儿小姐——他们都坚守着最基本的裁剪的重要性。他们天才的个性让时装成了今天我们看到的这个样子。今天的时装设计师可以在公众面前谈论他的手艺，是因为他已经在自己的领域里成了艺术家，而不仅仅是手工匠。他在衣服上签名，并制订属于自己的制衣标准。风格的重要性现在已经凌驾于面料之上了。[19]

玛德琳·维奥内特和珍妮·浪凡用双手和剪刀把控每个系列里的每一件衣服，并因此真正改变了时装专业。维奥内特在利用面料方面是个天才，她还发明了著名的斜裁法，这让第一次世界大战和第二次世界大战期间女人的衣服看起来

17 Dior, *Talking About Fashion*, 21.

18 Dior, *Talking About Fashion*, 19.

19 Christian Dior, "Les révolutions dans la couture, comment on fait la mode," *Le Figaro Littéraire*, June 8, 1957.

柔软而有型。现在的衣服也大量运用了她们的剪裁方法。这是一个属于伟大设计师的黄金年代。其中最杰出的还有香奈儿小姐，她一直很得意于自己一针都不会缝，但还是统治了整个时装界。她的人格魅力和品位都是那么时髦、优雅、充满权威。她和玛德琳·维奥内特用不同的方式创造了当代的时尚。[20]

1946 年，你正式来到了台前。

当时我在给卢西安·勒龙做设计师，日子过得很不错。我的职业很迷人，还不用承担当老板要负的责任；甚至不用去考虑经营问题。简单来说，当时的工作很愉快。[21] 不过，每做完一季的衣服，我都会后悔没能完全表达出自己想呈现的样子；对此我的结论是，要想百分百实现自己的心意，就不能让任何东西束缚自己的双手。机缘巧合之下，我认识了布萨克先生[5]，随之而来的一系列机遇最终让我决定要开设自己的品牌。[22]

跟我们说说是怎么回事。

当这改变命运的一刻到来的时候，我正从圣弗洛朗坦街走去皇家大道，我当时在那里住着一间一室公寓。当然，那个算命师之前就预见到了这一切。命运降临在我面前的时候，化身为了我童年时期的一个朋友。很久以前，我曾和这个朋友

---

[5]　马赛尔·布萨克（Marcel Boussac）：当时法国的纺织业大亨。——译者注

20 Dior, *Christian Dior and I*, 31.

21 Dior, "Dior par Dior, les carnets secrets d'un grand couturier," May 16, 1956, 12.

22 Dior, *Talking About Fashion*, 28–29.

在格兰维尔的海滩上玩耍，但当时我们已经很久没见了。他在圣弗洛朗坦街上一家名叫加斯顿的时装店做总监，听说我也成了设计师。他告诉我，加斯顿时装店的老板布萨克先生打算彻底改组整座时装店，正在寻找一个可以为品牌注入全新生命力的设计师。[23]

你怎么回答的？

我想了一会儿，然后很遗憾地告诉他，我暂时想不到什么人适合这个职位。[24]

然后发生了什么？

命运（以及我的算命师）非常固执。我在同一条小路的路边又一次碰见了这位老朋友。他还在找人，而我还是不能相信自己就是他要找的那个人。[25]

但最后你还是抓住了这个机会。

我一直怀疑自己缺乏个人野心。但当命运第三次让我和这位朋友在同一个地方遇见时，我终于下定了决心。当时我根本没有意识到这个决定将改变我一生的命运，我只是大胆地说："那么，我怎么样？"我回想起了当年那个算命师说的话，而我的朋友则回答："必须是你。"事情就这么决定了。但想到要跟棉业委员会会长布萨克先生见面，这对于一个像我这么害羞的人来说简直是一个无法逾越的障碍。而且生意这个词，暗含着不祥的意味，一直让我望而生畏。[26]

23 Dior, "Dior par Dior,"
   May 16, 1956, 12.

24 Dior, "Dior par Dior,"
   May 16, 1956, 12.

25 Dior, "Dior par Dior,"
   May 16, 1956, 12.

26 Dior, "Dior par Dior,"
   May 16, 1956, 12.

你跟布萨克先生的会面怎么样？

有时候害羞的人能爆发出惊人的口才。一种神秘的力量主导了我——我甚至觉得是那个算命师上了我的身——我听见自己说，我不想给加斯顿时装屋注入新的活力，我想要自己选一个地方，以我自己的名字开设一家时装屋，创造出一种全新的时装风貌。[27]

你和布萨克先生很快就达成了一致，一切都已经就绪，你只需要给时装屋选址。

我梦想中的时装屋应该小而精，只有很少几个房间，但在这些工作间里，我们将按照时装的最高标准来工作，为一些极其时髦的女人服务。我们的设计看起来简洁，但其实包含了

27 Dior, "Dior par Dior,"
May 16, 1956, 12.

"阿德莱德"（Adélaïde）舞会袍，1948 年克利福德·考菲（Clifford Coffin）摄于巴黎歌剧院

大量的人工……我决定选择一个最适合我的地址。但其实在那场改变命运的决定性会面之前，我就已经在两家毗邻的小店铺门口驻足观望过——蒙田大道 28 号和 30 号。[28]

当你开始雇模特——按照你们当时的话来说，叫人体模型（mannequins）——发生了很有意思的事情。

要找到合适的模特，从来都不容易，而且我招模特的时机很不凑巧。我怕找不到想要的那种女孩，就决定登报做广告。无巧不成书，当时正好出台了一条新的规定，让巴黎几家"院子"关门歇业，因此在里面谋生的女孩就失业了。这些女孩看到我的广告之后开心坏了；也许她们认为，一间静悄悄地开设在蒙田大道上偏僻小房子里的时装屋，肯定是在给什么下流的生意打掩护！在面试那天，我那原本工作都井井有条的时装屋，真的是被一群张牙舞爪的女人给攻占了。负责面试候选人的雷蒙德夫人吓坏了，不知道该拿她们怎么办。我决定亲自面试她们所有人。有些女孩就像从图卢兹·罗特列克 [6] 的画里走出来的一样。我发现自己正在面试巴黎城中每一个花花女郎，她们中有些人长得很漂亮，但没有一个看起来有我要的感觉。毕竟，每一个时装设计师都不应该忘记，世界上第一本时装杂志就叫作《好东西》（*Le Bon Genre*）。[29]

---

　[6]　　图卢兹·罗特列克（Toulouse Lautrec）：1864—1901，法国后期印象主义著名画家和设计家。擅长人物画，对象多为巴黎蒙马特一带的舞者、女伶、妓女等中下阶层人物。

28 Dior, "Dior par Dior," May 16, 1956, 12.

29 Dior, *Christian Dior and I*, 35–36.

1947 年 2 月 12 日是你的大日子，你举办了自己的第一场发布会。

这就是克里斯蒂安·迪奥时装屋的起源了。我应该怎样跟你介绍我的时装屋？我能怎么跟你介绍现在正发生的事情？我的公司，实际上就是我的全部生命。

然而，我能跟你承认，在我发布了"新风貌"的第一场发布会前夕，如果有人问我，我在这个系列中做了什么，对这个系列又有什么期待，我绝对不会说"革命"。我无法预见人们对这场发布会的热烈反响，我所有的努力都只是为了把自己最好的东西呈现出来。[30]

在你的第一场发布会之后，当时 *Harper's Bazaar* 杂志的主编卡梅尔·斯诺高度评价了你的这个系列。她发明了"新风貌"这个说法来形容你的衣服，而这个光荣的称号迅速传遍了整个世界。

"新风貌"得到了全世界的认可，人们认为它是一种全新的、原创的风格。但其实这只是我一直追求的对于时尚的一种真诚而自然的表达。只是我的这种偏好恰好迎合了当时的时代精神或氛围。[31]

你的设计和当时所流行的时装有什么区别？

当时的女装依然受到战时制服的影响，女人们的穿着依然高大而强悍。但我是给花朵一样的女人设计衣服，让她们看起来双肩浑圆、胸部丰满、腰部纤细，再加上一条巨大的裙摆。[32]

30 Dior, *Talking About Fashion*, 29–30.

31 Dior, *Christian Dior and I*, 45.

32 "Christian Dior, Dictateur de la Mode," *Sélection du Reader's Digest*, June 1957, 45.

你是怎么开始设计一个新系列的？

对设计师来说，很奇特的一点在于他们总是为另一个季节而创作：冬季系列往往诞生于丁香花和樱花盛开的季节，而夏季系列诞生时可能落叶飘零或是刚下过初雪。不过设计师和季节之间的这种距离也从某种程度上带来了一些好处。设计师在设计中对那个季节充满了眷恋，对于骄阳或是薄雾的向往能给他带来格外多的灵感。在真正开始设计服装的几个星期之前，设计师会准备好灵感板，从无数的参考资料中寻找

位于巴黎蒙田大道 30 号的
克里斯蒂安·迪奥时装屋

和挑选设计的灵感。当然，每个设计师都有自己一套寻找灵感的方法，你可能都无法相信能根据那些让人眼花缭乱的资料设计出全新的轮廓。大多数时候灵感的来临都是机缘巧合。你设计得越多，越能抓住灵感，甚至能从一些不可能的地方找到灵感。突然之间，电光火石，一幅素描让你眼前一亮。就是它了！想象一下，你在火车站接朋友。人们涌出火车，陌生的脸庞不断与你擦肩而过，你一直没有见到在等的那个人，并开始感到失望。突然，你朋友出现了！就像那幅关键的素描：当它出现，你不可能认不出来。当你找到了它，一切进程就都加快了。根据一个主题进行各种发挥，你画草图时也更加自信。然后，第二天，或者当天晚上，又有一种廓形从资料堆里浮现出来，你就像立刻认出了另一位朋友。你张开双臂欢迎它。它们就像是相交已久的老朋友，会带领你走上一条通往全新风潮的道路。[33]

当你确定了廓形，就要进一步把它变成现实。在这个过程中，面料有多重要?

我所使用的大部分面料，都来自一位技术人员的发明；他非常理解我想要什么，也知道怎么给我新的挑战。面料不仅能把设计师的梦想表达出来，还能刺激他们的创作。面料可能就是灵感的重要来源。我设计的很多裙子最初都来源于某种面料。[34]

到了这个阶段，这个系列时装的气场就开始成形了。突然，你就像跳进了面料的汪洋大海，眼前看到的每一种面料

33 Dior, "Les révolutions dans la couture, comment on fait la mode."

34 Dior, *Talking About Fashion*, 34.

都比之前的更加精彩,让人眼花缭乱,难以取舍。在这种时候,你就得学会抵抗诱惑,避免过于华美的面料带来的束缚;因为有时候一种面料本身太美了,反而会派不上用场。不知不觉之间,你排除了大部分不合适的面料,作出了最后的决定,这时候就可以开始考虑衣服本身了。[35]

跟我们说说接下来该做什么。

只靠图纸是做不出裙子的。图纸只是素描而已。当玛格丽特夫人把我的图纸分发到各个手工作坊之后,我就会陆续收到很多亚麻布或是棉布的打样,然后就开始创作了。在发布会之前三个星期,整个系列差不多初见雏形了,不过这里面包含了三个月的工作。[36] 在试穿过最先的几件之后,完成这个系列里其他的衣服就容易多了。我会有一种脚踏实地的感觉。我把做出来效果不错的东西放在一起。我用自己的一套方法将各种面料搭配起来。但总是有很多突发状况,会让我不得不再改动已经定稿的东西。我的工作就像珀涅罗珀织了又拆地织布一样,永远也做不完。[37]

通常第一次试穿会发生什么?

到了这个阶段,剧情已经过半。第一次试穿通常都很令人失望。但画布上已经精确地勾勒出了轮廓,最终版的衣服都出现在了试穿之中;所以试穿上出现的衣服就像是化茧成蝶之前的蝶蛹。面料和剪刀意味着一切。我必须赢下这场战斗,把一整块大理石雕刻成雕塑。[38]

35 Dior, *Talking About Fashion*, 35–36.

36 *Samedi Soir*, February 11, 1950.

37 Dior, *Talking About Fashion*, 66–67.

38 Dior, *Talking About Fashion*, 65.

有没有哪些单品比其他的更具有挑战性？

要完成一个包含 175 套"造型"的时装系列，意味着你要设计 175 条裙子来展出，加上搭配的外套和夹克，因此大概要设计 220 个单品。此外还有差不多数量的帽子，更别提还有要特别设计的手套、鞋子、珠宝和包袋了。[39] 通常来说，我觉得最有价值的单品很可能一开始会让公众无法接受，人们需要一段时间来习惯它们。就连最标新立异的人看到我那些新设计的时候，都可能无法接受。在我的职业生涯中，我一直在挑战人们的审美：先是推出长裙，后来是短裙，然后是"鸽胸上衣"[7]，接着是平胸上衣，然后是紧身腰线，接下来是宽松腰线。[40]

最后，激动人心的时刻终于要到来了：发布会。

我们最后会决定出场的顺序。发布会前的最后两天会在一种奇特的平静中度过。整个团队都一心扑在了工作上。我也没时间紧张。这是风暴之前的平静。工作室里鸦雀无声。时不时地，我们会临时加出一件单品。或者有什么不成功的造型需要我来修改。我多希望自己可以逃离这一切。我希望能发生什么天灾人祸，多致命的灾祸都可以，只要能让这个系列不要出现在公众面前。我恨不得去死。但最后，人们还是陆续来到了发布会现场的门口。[41]

---

[7]　20 世纪初流行的上衣风格，前胸突出如同鸽胸。——译者注

39 Dior, *Talking About Fashion*, 51.

40 Dior, "Dior par Dior," May 12, 1956, 15.

41 Dior, *Talking About Fashion*, 73–74.

但在外人看来，一切都布置得井井有条。

办时装发布会跟戏剧的首演有个共同之处：先让业界专家来欣赏和品评，得到他们的意见至关重要。我相信可以这么说，时装记者们通常要比戏剧评论家更精通自己的业务。但设计师在发布前夕的紧张和焦虑，并不亚于首演之夜前的剧作家。我每年都要经历两次这种可怕的时刻。有些人觉得这让正常游戏更刺激。但对我来说，我痛恨这种时刻，就像我读书时痛恨考试。我有些朋友为了让我感觉好一点，跟我说这种心理障碍可以抵抗衰老，我就假装相信了他们。[42]

你怎么安排发布会上的席位？

当正日子即将来临，大楼里的神经中枢从工作坊转移到了沙龙。公关部门成了心脏，不断把焦虑的情绪输送到整个团队。荷马社会的等级制度问题出现在我们面前：两个房间外加一个楼梯夹层里要挤进 300 个人，但除去模特走台的狭窄步道，这里只能容纳最多 250 个人。时尚圈有一整套死板而复杂的优先级顺序，每个客人之间都有地位高下之分。实际上，我们最心爱、最亲密的朋友们常常要被安排坐在偏远的门口、角落或是楼梯上。[43]

每一个座位怎么安排都需要深究。有些人要坐在固定的座位，不然就感到被严重冒犯；有记者从一份报纸换到了另一份报纸；有跟我们闹翻的朋友；有新发行的刊物，也有上一季之后变得更重要的刊物。每个记者的座位都要能恰如其分地代表他所在媒体的重要性，以及他本人的业界地位。即

42 Dior, "Dior par Dior,"
May 8, 1956, 15.

43 Dior, "Dior par Dior,"
May 8, 1956, 15.

便如此，还是会有种种突发状况，让我们再次调整座位表。[44]

模特出场的顺序也需要经过精心研究。发布会的顺序要遵循一定的法则：先是西装，后是日装，然后是更正式的服装，像鸡尾酒裙、短款晚礼服，最后是长款晚礼服和舞会礼服。但在这种经典的出场顺序之外，还需要有一些戏剧性的元素、打破常规的出场……那些出人意料的设计就像是战斗中的奇袭部队，是一个新系列的代表作品，因此要被放在发布会的中间部分。通常这些"奇兵"会成为杂志封面款，或被用在最重要的时装大片里；也正是这些单品决定了当今，以及未来的时尚风格。在发布会举行到一个小时左右的时候，它们会重新抓住秀场观众们已经涣散的注意力。[45]

能跟我们说说秀场后台的气氛是什么样的吗？

你可以想象一个要容纳大概30个人的试衣间：设计师、助手、12个或14个模特，再加上200件衣服、手套、帽子、手笼、阳伞、项链、鞋子……这种忙乱的气氛让人想起马克斯兄弟[8]的电影。[46]我承认，在发布会的节奏有点拖后的时候——或者台下鸦雀无声的时候，我也会焦虑，尽管我努力控制并掩盖了这种情绪。我不相信别人说什么沉默代表着全神贯注。我更喜欢掌声！

掌声让我充满希望。在这种时刻，我会忘记去考虑整个

---

[8] 20世纪30年代美国经典的喜剧之王，尽管他们只合作了十数部电影，但仍被誉为影史最成功的喜剧团体之一，堪称无厘头的鼻祖。——译者注

44 Dior, "Dior par Dior," May 8, 1956, 15–16.

45 Dior, "Dior par Dior," May 8, 1956, 15.

46 Dior, *Talking About Fashion*, 80–81.

"朱诺"（Junon）舞会袍，
1949 年秋冬系列

系列是否能获得商业上的成功。我只在乎新系列发布后的最
开始几个小时，是不是能获得成功和认可。其他的都不重要
了。孩子生出来了；要想知道他生得是不是好看，未来又会
怎么样，你得等到以后再说了。[47]

模特又是怎么应对压力的？

模特不能流露出后台的那种忙乱。她必须表现得游刃有余，

47 Dior, *Talking About Fashion*, 82.

全身心都充满了宁静、安详的气息。[48] 她们魅力四射、美丽动人。这也是你喜欢她们的原因。我们的时尚行业充满了生机和动感，如果这些衣服都只能挂在木质人台上，这个行业会变成什么样？我完全无法想象！对我来说，发布会当天的后台更衣室就跟地狱似的，但对公众来说，这里呈现出一派繁花似锦——我希望我们创造出来的东西真的是鲜艳的花朵，而不是花圈！[49]

发布会结束时，你的心情是怎样的？

对我来说，最糟糕的时候到来了；在此之前，我都躲在灰色的绸缎幕布后面，但现在，我必须直面那些声音：笑声、欢呼和叹息。我走出了庇护所，不能继续装聋作哑，必须去迎接朋友们的热情和喜爱之情。我把这称为一个糟糕的时刻，是因为从发布会开场以来，我在这刻达到了恐惧的巅峰。但这也是一个甜美的时刻，因为在此之前我都不能确定朋友们真的能出席，而现在我真的见到了他们亲爱的脸庞。香槟杯在众人手中传递，我不断握着他们伸出的手，亲吻着他们芬芳的脸颊，接受团队成员的祝贺，聆听人们的溢美之词：天赐的，讨人喜欢的，美轮美奂的。每个人都在喊我的名字；我则想感谢房间里的每一个人，告诉他们能让他们感到满意我又是多么的荣幸。在一片喧哗和喜悦之中，我都有些醺醺然了，简直来不及回答记者们的问题。他们会问我最喜欢哪一件衣服，而我则会回答：它们都是我的最爱。它们是我的孩子，我同等地爱着它们每一件。[50]

48 Dior, *Talking About Fashion*, 82.

49 Dior, *Talking About Fashion*, 79–80.

50 "La Mode a perdu son Roi," 7.

如果没当时装设计师，你会做什么工作？

我想当建筑师。作为时装设计师，我同样要遵从建筑学的法则。之前我们谈过，我对面料非常熟悉。面料让我接近建筑学。你大可以把一座建筑比作一件衣服。做衣服的时候你要尊重面料的特性——这是设计师的秘诀，这个秘诀就来自建筑学的第一法则：重力法则。面料如何垂下来，衣服又会因此形成什么样的线条、达成什么样的平衡，完全取决于你选用"直裁"还是"斜裁"。这是最主要的两种裁剪方法，直裁更传统，而斜裁更炫技。你如何处理不同的面料，如何天衣无缝地把不同的面料连缀在一起，这就是我们这个专业最重要的秘诀。简而言之，我们通过裁剪来包裹不同形状的身体。这么说也许有点老生常谈，但你再怎么高估裁剪的重要性都不为过。[51]

换句话说，你是用建筑的方法来打造轮廓？

在当今的时装界，人们花最多的功夫打造的，是一件衣服的样板——这么说可能不太准确。我指的是裁缝用来作调整的棉布打样。面料通过熨烫被定型，这就是塑造面料的方法。[52] 我的衣服总是能反映当今的日常生活，以及生活中的情感、温情和欢乐。[53]

你对于女性身体的痴迷，是不是通过你所说的"无尽的变化"来表达？

是的，对于同一个主题的不断变化。这个主题就是女性的

51 Christian Dior, *Conférences écrites par Christian Dior pour la Sorbonne*, 1955–1957 (Paris: Editions du Regard/Institut Français de la Mode, 2003), 43–44.

52 Dior, *Conférences écrites par Christian Dior pour la Sorbonne*, 1955–1957, 44–45.

53 "La Mode a perdu son Roi," 4.

身体，时装设计师应该能根据这个主题衍生出成千上万的变化，就像作曲家可以根据 7 个音符创作出无穷无尽的乐谱一样。[54] 时装设计这门艺术，就是用正确的线条来赞美女性的身体。[55]

你最为人称道的就是运用配饰。你怎么看待配饰的作用？

配饰再重要不过了。丑陋的手套，不好的鞋履，廉价的帽子，这些都能轻易毁掉一条连衣裙或一套西装。配饰是优雅造型中至关重要的一环。在美国，你只需要用一件优质的黑毛衣和一条简单的百褶裙，再搭配合适的配饰，就可以应付日常穿着所需。你必须尊重色彩和风格。这二者给你的整个造型定调；它们是造型的关键。就我个人而言，我宁愿看见一个穿着糟糕，但是采用了中性色调的女人，而不是一个色彩和配饰毫无品位的女人。在我看来，美国女人在这方面经常不太成功，因为她们实在是买了太多东西了。她们的整体造型容易显得有点过头；不过我也知道，这多多少少也受到了气候、生活方式和光线的影响。[56]

当你在设计衣服时，脑海里有没有一个理想女性的形象？

不，我脑海里不会只想着某一个女人。我之前也说过，我脑海里想着的总是一个比较平均化的女人：不太黑，也不太白；我还常常惊讶地听到人们说，我的衣服是给体型娇小的女人设计的。别忘了，对我来说尺码并不是优雅的必备条件。[57]我最开心的事情，就是看到自己引领的潮流受到普遍的欢迎。

54 Dior, *Conférences écrites par Christian Dior pour la Sorbonne*, 1955–1957, 49.

55 "La Mode a perdu son Roi," 4.

56 Christian Dior, conversation with Alice Perkins and Lucie Noël, January 10, 1955.

57 Christian Dior, conversation with Alice Perkins and Lucie Noël, January 10, 1955.

这是我一直以来的追求。当然我也知道我的作品是为特定的女性群体设计的：优雅的女性。

但时尚应该服务于全世界的女人——所有的女人。我也很乐意让每个女人看上去都像公爵夫人，自己的感觉也好得像公爵夫人。处于社会底层的人应该努力往上爬，这是自然法则。但我却常常觉得，一个可爱的农场女孩看起来像个可爱的农场女孩时最好，一位迷人的公爵夫人则是看起来像一位迷人的公爵夫人时最好。我不希望看到一位公爵夫人看起来像是农夫的妻子。[58]

显然，你是想让我谈谈真正穿我设计的衣服的女人，也就是我的 800 个顾客……我之前说过，我的梦想一直都是成为一个体面的手工匠和商人，而满足我客户的需求是我最重要的职责。当客户上门的时候，我们的时装沙龙就成了另外一副样子。沙龙里人满为患（每一季我们都要接待超过 25000 名访客），我们也就没法在里面工作了，这里成了找乐子的地方，至少我们的客人能在这里找到乐子。沙龙里每时每刻都有人在聊天。我的客人们都很健谈。她们会谈些什么？度假，最近当红的戏，巴黎的新八卦，当然聊得最多也最重要的，是我竞争对手的设计。你能在迪奥的店里听到什么样的对话？比方说，"哦，亲爱的，巴伦西亚加太令人心动了。""纪梵希就是个天才。""巴尔曼的婚纱真是绝美……""香奈儿简直是天选之子！"[59]

58 Christian Dior, conversation with Alice Perkins and Lucie Noël, January 10, 1955.

59 "Dior par Dior," May 13–14, 1956, 23.

当然，你还是在为一小群奢侈品消费者而设计。

我承认，我们生产的裙子只面向一小群人。我不觉得这有什么问题。每个社会都有精英阶层。在我看来，高级时装至少有两个存在的理由。首先，高级时装相当于一种时尚的标杆，因此非常奢侈。其次，它也代表了多种手工艺的最高水平——花在一件高级时装上的是几百个小时的劳动。这更增添了它的价值。高级时装还有另外一重无法估量的重要性。它就像山谷里结出的第一颗树莓、开出的第一朵百合。它领先于时代，是那么的独一无二。人们现在如何穿着它，就能决定在未来一段时间里，巴黎乃至全世界其他地方的流行是什么样子的。[60]

你怎么给衣服定价？

读者可能会有点意外，因为我是亲自给衣服定价的。通常我不会涉足公司的管理或销售部分，但给衣服定价是一件至关重要的事情。给每件衣服定价都要参照一系列资料，像这件衣服花费的工时，其中手工制作的成本，还有所使用面料的价格。此外，还要加上公司的管理费用、税费和必要的利润，得出的结果就差不多是这件衣服的标价了。[61]

从着装的角度来看，法国女人和美国女人有什么不同？

首先，我要批评几句法国女人的着装。我走在街头时，别提有多痛恨她们随随便便的穿着了：她们的发型，皱巴巴的衣服，不擦干净就穿出来的鞋子。至于美国女人，我在纽约生

60 Dior, "Les révolutions dans la couture, comment on fait la mode."

61 Dior, "Dior par Dior," May 8, 1956, 16.

活了两周后，就对她们的谨慎和细致印象深刻。美国女人最容易陷入的误区是过分精致。我最看重的是个性和坚持自我。你得在个人的时装风格和现实之间找到平衡——这就成为你的个性。毫无品位的法国女人让我饱受伤害。而我在美国时，又得忍受她们过度修饰、过分精致的风格。这二者应该中和一下。女人不应该是时装单品的陈列台，或者穿得好像刚从裁缝店里出来。个性要比时尚品位更重要。作为一个服装设计师，我在做设计的时候要突出身体的线条，但我依靠日常生活来为我那些戏剧化的设计带来一些人情味。[62]

你的灵感和创意来自哪里？

我的灵感来自潜意识。我会先进行一番长久、深刻的思考，然后快速落笔画图。我的脑海中会浮现出一个廓形，然后反复琢磨。很难说时尚到底是如何诞生的，但这就是我工作的唯一方式。我最新的时装系列总是脱胎于上一个系列，删去一些元素，再强调另一些元素。这么说来，我的设计是循环有机的。[63]

从时装的历史中，我们能学到什么？

直到沃斯[9]的时代，设计师才开始在自己的作品上留下名字。

---

[9]　查尔斯·弗雷德里克·沃斯（Charles Frederick Worth）：被誉为"高级定制时装之父"，1857 年创建了沃斯高级定制，他是第一位在欧洲出售设计图给服装厂商的设计师，第一位将个人品牌标志缝在定制服装上的设计师，第一位提前发布整个时装系列的设计师，第一个开设时装沙龙的人，第一个筹划举办真人时装表演的人，也是许多女装样式和剪裁手法的发明者。——译者注

62 Christian Dior, conversation with Alice Perkins and Lucie Noël, January 10, 1955.

63 Christian Dior, conversation with Alice Perkins and Lucie Noël, January 10, 1955.

即使到了那个时候，时尚还是属于宫廷贵妇的，属于法兰西第二帝国的，在拿破仑三世的统治期间，带裙撑的裙子也统治着时尚。而"沃斯时代"，其实是"欧也妮（拿破仑三世的皇后）时代"。19 世纪的设计师开始走到聚光灯下。他们不再只被少数内部人士指导，就像凡尔赛宫中的罗萨·贝尔坦（Rose Bertin），或杜伊勒里宫里的勒罗伊。现在他们的名字被无数人传颂；他们成了角。但到这个时候，他们严格说来还不算是设计师。用电影界的话来说，我们会认为珍妮·帕坎（Jeanne Paquin）和道塞特是制片人，而不是导演。他们的工作是从自己设计师递交的草图中给各家时装沙龙挑选出合适的设计来。[64]

最终，是谁创造了时尚？

实际上是公众创造了时尚的精神。时尚是由几个元素决定的。首先是一种属于当下的气氛——也就是世界上正在发生些什么；其次是逻辑；第三是机遇；第四是时尚杂志的选择。虽然每一季、每一个系列的时装中都包含了大量的时装元素，但只有那些最成功的才能掀起新的潮流，被人们记住。多少次，我们寄希望于某件单品，但最后只能眼睁睁地看着它一闪而过！毫无疑问，它没能取得成功的唯一原因就是时机不对。这些没能引起人们注意的灵感，往往隔了一两季之后会再度出现。这次它们大获成功——没人知道为什么。也许只是因为时机对了。简单来说，设计师提出方案，女人们选择方案——通常是在杂志的帮助和引领之下来选择。[65]

64 Dior, "Les révolutions dans la couture, comment on fait la mode."

65 Dior, *Talking About Fashion*, 38–39.

一家时装屋最显著的特征是什么?

一家时装屋就像是一个病人。每天你都得给它量体温、测脉搏、量血压,分析病情。你得十分仔细,就像一个谨慎的医生。所以在每个经理的办公室墙上,都挂着分析经营状况的图表,像是体温曲线一样。通过这张图表,他可以一眼看出自己的生意是不是"健康"。[66]

你觉得时尚是一门打稳健牌的生意,还是像股票市场那样波澜起伏?

有一件事是肯定的:时尚永远是一种对之前所流行事物的反馈。其次,时尚永远在变化,但也永远在轮回。所以观察每一代人被什么样的东西所吸引是一件非常有意思的事情。但吸引人们的东西中又有些恒定不变的特质,这些特质又会被外界因素所影响,像是战争与和平、生产技术、贸易、新发明,以及那些大作家、大艺术家的创作。[67]

你是如何把握时代精神的?

我想每一个设计师都会通过自己的方式方法来参与和影响潮流。小说家或剧作家会捕捉"游荡"的灵感,创作出作品。而我们的创作对象则是比例。每一年、每一季,女性的着装都流行某种特定的比例,而这种比例到了下一季可能就不再流行。为什么?因为当这种风格大规模地流行开来,它就变得平庸了。平庸、无趣让流行变得过时,让人们渴望全新的风潮。[68]

66 Dior, *Talking About Fashion*, 104–05.

67 Dior, *Conférences écrites par Christian Dior pour la Sorbonne*, 47–48.

68 Dior, *Conférences écrites par Christian Dior pour la Sorbonne*, 46–47.

你的意思，是不是时尚难以持久？

用让·谷克多的话来说，"时尚死于青春之时"，因此时尚更新换代的速度要比历史快，也是很正常的。[69]

时尚产业最打动你的一点是？

任何无法给人带来诗意共鸣的时尚风格都是没有意义的。我创造的所有时装都来自内心。如果一个女人跟我说，"我穿你设计的衣服时感觉很不一样"，这就是我所能想象到的对我最高的赞赏。[70]

为什么有人说时尚是无用的？

时尚并不比诗歌或流行音乐更有用。在过去的几个世纪里，时尚获得了更多的尊严；它成了时代的某种见证。当我们回想过去的时代，立刻会想起某种特定的着装。我们所身处的这个世纪，人们总想要毁掉过去那些丑陋、可怕的记忆，还有什么工作能比我们这种每六个来月，就创造出美好新记忆的工作更高尚呢？[71]

你能跟我们谈谈优雅吗？

我经常会遇到一个问题，就是区分优雅和"盛装打扮"。盛装打扮并不一定看起来时髦，优雅也并不总是正确的选择。而有些刺目的打扮可能是时髦的，但也不总是正确的。[72]

69 "La Mode a perdu son Roi," 4.

70 "Christian Dior, Poète de la Mode," *Samedi Soir*, February 11, 1950.

71 Dior, "Les révolutions dans la couture, comment on fait la mode."

72 Christian Dior, conversation with Alice Perkins and Lucie Noël, January 10, 1955.

伊夫·圣·罗兰跟你一起工作过。

他是我精神上的继承人。[73]

你获得了世界范围内的成功。你会怎样形容这种经历?

成功的秘诀，只不过是工作、工作，更多的工作。[74]

对你来说，时装代表着什么?

时装最本质的意义，就是形式和面料二者之间的婚姻。[75]

最后，时装的目的在于什么? 它存在的理由是?

时装不仅仅是为了穿衣打扮，时装的最高目标是装点和修饰。[76]

73 Jack Garofalo and Michel Simon, "Dior," *Paris Match*, November 9, 1957, 72.

74 "Christian Dior, Poète de la Mode," *Samedi Soir*, February 11, 1950.

75 "La Mode a perdu son Roi," 4.

76 *L'Aurore*, August 1953.

格蕾夫人肖像

8

MADAME GRÈS
格蕾夫人

格蕾夫人，你做高级定制时装已经超过 50 年了，不是吗?

每次听到高级定制时装这个词，我都有点惊讶：你们说的高级定制时装是什么意思? 我只是一个手艺好的女裁缝。对我来说，做高级定制时装意味着一个好的艺术家。你知道，好的作品来自想象力，而所有的手工劳动都会刺激想象力。[1]

1 F. Vergnaud, "Rencontre avec *Madame Grès," Marie France*, October 1976, 49.

你为什么选择通过设计时装来展现自己的才华？

在给客人设计衣服时，我喜欢强调他们的美、个性和独特的体态。一件设计师时装就像另一层皮肤。每个女人都有自己独特的举止和形象……在试穿时，我能看见客人们的身上发生了改变。这种改变就像是奇迹在发生。[2] 我会尝试表现他们身上最美的一面。我也总是试着给他们一些新的东西。[3]

你是怎么开始设计服装的？

我准备好布料，别起来……然后裁剪，塑造布料的形状……但你知道，任何一个好裁缝都是这么做的！我会在发布会开始前一个半月开始工作，但一旦开始就会夜以继日，直到最后一刻；我无法用别的方法工作……可能是因为怯场吧……不过当我进入状态之后，就没有东西可以阻挡我了！我亲自训练手下的女裁缝：她们都非常热爱工作，也非常值得敬佩。你问我是怎么进入这行的……我喜欢服装，也喜欢装扮……女人的身体是这么的美好，这么的珍贵。这不像是一件家具，而是活生生的，能呼吸的，能动的；要找出怎么恰到好处地装点它，需要花点时间。时尚的存在，就是为了让女人更美；装扮女人的这份工作，也因此而变得神圣。[4]

有人说，巴黎时尚已经失去了它的光环。

不，我不这么认为！我们很多人还在坚守着它的传统。另一方面，我们也坚定地捍卫这个产业，因为我们不希望它消失！它必须存活下来，延续下去。只有我们，还坚持使用最美丽

2 Marian McEvoy, "Gres Matter," *Women's Wear Daily*, February 15, 1977, 6.

3 "Something New — Key to Alix Grès' Success," *Women's Wear Daily*, October 27, 1969, 14.

4 Vergnaud, "Rencontre avec Madame Grès," 49.

的面料，雇用许多手艺精湛的工匠！因为我们知道上好面料有多重要，它能激发我们的想象力。高级定制时装永远都像是一个沸腾的锅子，灵感和实验在其中翻腾不息！[5] 高级定制时装是一种真正的理想状态。有人问过我高级定制时装存在的问题，但在格蕾时装屋，一切都没问题。工人们都很开心。人们很乐意为新的时装系列贡献自己的时间。是的，近年来工匠在逐渐减少，但我们在巴黎能得到最好的手工艺。这是真实存在的。质量历久弥新。[6]

不过与此同时，你看起来也很挑剔。

哦，我只是觉得有点不安……这种情况持续不久的。不久之后，那些真正高贵的东西会再次成为我的灵感来源，不仅仅是说面料……全世界都决定生产时装，人们在花时间学习这门手艺之前就一头扎了进来。这真是荒谬……

这么说吧，这只是一个舞台，我们终将回归对美丽的追寻，美丽的灵感，美丽的时装，而不是伪装！我们需要保护好自己……发布会之前不能有任何消息泄露；应该给人们带来真正的惊喜……我们要保护自己的专业：这也是我一直在做的！[7] 人们说，近来时装行业获得了一些新的生机，但我真的不这么认为。我觉得这行一直生机勃勃。现在的年轻人对质量感兴趣，也很识货。我能从我年轻顾客身上看到这一点。人们意识到时装就是真理——时装能带来灵感。时装的意义超出了设计它的时装屋。时装能影响一切。时装是我的生命。[8] 让我给你举个例子，说明时装的力量。

5 Vergnaud, "Rencontre avec Madame Grès," 49.

6 McEvoy, "Gres Matter," 7.

7 Vergnaud, "Rencontre avec Madame Grès," 49.

8 McEvoy, "Gres Matter," 6.

1960 年——或者是 1968 年？——当时我在苏联，为了新的时装系列去那里三天。其中一天我展示给政府官员看，另外两天给市民看——展览放在一座巨大的公共会堂里。人们从很远的地方赶过来——他们都很穷，但还是愿意付几个卢布来看发布会。我从来没看到过这样的反响。他们根本无法想象我展示给他们看的服装竟然真的存在，他们无法承受这种冲击力，他们哭了。对我来说，这是一场非常动情的活动。我永远无法忘怀。[9]

那这么说，成衣又有多重要？

高级成衣（Prêt-à-porter）的重要性？啊呀呀。成衣的灵感总是来自高级定制。成衣设计师总是被高级定制设计师影响。我感觉，成衣确实可以让街上的女人们穿得更好、更整洁，但高级定制才是创意的关键。事实就是，高级定制给这个世界带来了伟大的创作。[10] 高级定制和成衣属于两种完全不同的创作理念。两者都很有意思。女人可以从成衣中获得她们无法从高级定制中获得的东西，而成衣也不总是高级定制的复制品。[11]

所以这关于不同的方式？

这么说，你可以去尤尼普里服装店购买不贵的衣服，它们也可以搭配出不错的效果，让你看起来更好，而不是毫无魅力。每个女人都有其魅力。是否能发掘并利用自己的魅力，都取决于她自己。这跟钱没有关系。[12]

9 McEvoy, "Gres Matter," 6–7.

10 McEvoy, "Gres Matter," 6.

11 Ben Brantley, "Mme. Grès: An Original," *Women's Wear Daily*, November 1979, 34.

12 Chantal Zerbib, "'La femme n'est pas un clown' ou la mode vue par Madame Grès," *Lire*, May 1984, 85.

未完成的裙子，摄影
师威利·梅沃德（Willy
Maywald），1949 年

对于今天的现代女性，你有什么建议？

不要试着吸引注意力。那些戴着巨大的耳环、头顶乱糟糟发
型，一心想要被别人关注的年轻女人，都是虚荣心在作祟。
第二次世界大战后，职业女性都太忽视自己的小孩了。这也
是为什么我们能看到刚才我说的那种行为。但事情很快会回
归正常。[13] 帽子从我们的生活中消失了，这太糟糕了。它们
看起来是那么棒，你可以根据衣服换不同的帽子——每一种
材质都那么美丽。[14]

13 Zerbib, "'La femme
n'est pas un clown',"
84–85.

14 Zerbib, "'La femme
n'est pas un clown',"
85.

跟我们说说高级定制时装这个行业。

如果你想从事这一行，你必须很有勇气。不幸的是，时装屋也是一门生意。而且这门生意非常，非常难。每一季的时装系列是否成功，都取决于你所呈现出的设计有多大的力量。这种感觉，就像是你赤身裸体出现在全世界面前。[15]

你是怎么开始自己的职业生涯的？

1934 年，我想做一个雕塑家，但我的父母不同意。我有个朋友当时在一家很有名的时装屋工作，她在 3 个月里教会了我裁剪。我开始在第八区的一个小房间里，一个人用缝纫机做衣服。很快，我的第一批样衣就大受欢迎。第二年，我跟人合伙在圣奥诺雷路开了阿历克斯时装屋。每年我要设计 4 个系列的衣服。然后第二次世界大战开始了，我开始逃难……当我回到巴黎，一切都得重新开始。没有任何背景和支持，我在和平大街上开了自己的店。[16]

阿历克斯这个名字是怎么来的？

是我的小名。[17]

你现在还保留着雕塑家的手艺吗？

我觉得自己做的就是有生命的雕塑：我从塑造身体开始，要处理曲线、面料的垂坠、造型的平衡。时装最吸引我的地方就在于其对黄金比例的追寻、对人体的赞美。[18] 从逻辑上看，时装跟雕塑有很多共同之处；二者对材料的运用是相似的。

15 McEvoy, "Gres Matter," 6.

16 Indalecio Alvarez, "Madame Grès: Le grand mystère," *Paris Match*, December 1994, 56.

17 Edmonde Charles-Roux, "Madame Grès," *Vogue* (US) September 15, 1964, 98.

18 Fabienne Dagouat, "Madame Grès, tout simplement," *Le Matin*, July 28–29, 1984, 24.

而且在做时装和做雕塑时，都离不开人体。[19] 我用双手工作，创作材料是面料，就像雕塑家的材料是黏土。[20]

在你的创作过程中，面料有多重要？

当你对面料产生了感觉，你就明白一切了。[21]

给面料赋予生命吧。它会找到自己的位置。[22]

你有最喜欢的颜色吗？

我喜欢白色。对我来说，白色代表着宁静——秩序与宁静……[23]

过去，是你的灵感来源吗？

我们从不回头看；我们总是生活在未来。[24] 我对过去的事情一星半点的兴趣都没有；我完全沉迷于未来。我不喜欢旧东西，当一个系列的衣服做好以后，我就会忘记它们。

当然，过去有很多美好的事物，但生活总要继续，一切都在不断变化，时装也在改变。比方说，你可以看到越来越多的女人没时间回家换晚装，那我们就必须创造出适合从早到晚穿着的衣服。时尚在进化；生活也是。但你必须对外形有感觉，也必须热爱女性的身体之美。[25]

你最出名的设计就是垂坠长袍——这似乎已经成为你的专长了。

我的专长？不，我也知道怎么做其他东西。[26] 我先在脑海里想象出要做的裙子，然后让人体的比例引导我继续……改进

19 Brantley, "Mme. Grès: An Original," 34.

20 Ingrid Bleichroeder, "Madame Gres," *Vogue* (UK), March 1984, 256.

21 François-Marie Banier, "Haute Couture 74/75: Portrait de Madame Grès," *Vogue* (France), September 1974, 171.

22 Banier, "Haute Couture 74/75: Portrait de Madame Grès," 172.

23 Bleichroeder, "Madame Grès," 256.

24 Brantley, "Mme. Grès: An Original," 34.

25 Zerbib, "'La femme n'est pas un clown' ou la mode vue par Madame Grès," 85.

26 Janie Samet, "La Vie au Féminin," *Le Figaro*, July 30, 1986, 17.

裙子的形状。[27] 我从一开始就不想做其他人都在做的事情；其实我也做不了，因为我没有相关的知识。这也是我为什么直接拿面料来做衣服的原因之一。我利用了我有的知识，也就是雕塑。[28]

你是如何做到让你的设计拥有这么多风格？

因为每个女人的个性都不同……我的意思是，我们不能故步自封。是吧？[29]

你如何定义优雅？

优雅，对我来说，是一种永久的优美的状态。[30]

那我们应该如何实现这种状态？

一个优雅的女人通常是非常谨慎的；她的穿着简单，举止得体；她知道如何发挥想象力，却不流于怪异；她既精明又冷静，知道如何为各种不同的场合挑选最合适的着装。她选择的着装会让她随时随地都像在家里一样自在。[31] 这一切，其实都关乎你有没有学会如何作出正确的选择。

简洁和优雅从来都不会无聊：你永远不会感到腻烦，只需要一点细节，就能给你带来不为他人所知的乐趣！……哦，你说裙子该有多长？最好在小腿肚子一半的地方。这种长度是最优雅的；所有的腿型都很适合。但是，当年龄到了五六十岁，女人的身材会变得粗壮一些，裙子就应该短一些……膝盖上两三公分的长度，能让你看起来更年轻，多有趣啊！[32]

27 Alvarez, "Madame Gres: Le grand mystère," 54.

28 Brantley, "Mme. Grès: An Original," 34.

29 Vergnaud, "Rencontre avec Madame Grès," 49.

30 Alvarez, "Madame Gres: Le grand mystère," 54.

31 Dagouat, "Madame Grès, tout simplement," 24.

32 Vergnaud, "Rencontre avec Madame Grès," 49.

那么优雅和时髦之间有什么不同？

如果一个女人是那种时髦女郎，那她就是天性如此。她也可以很优雅，但总是会缺少点什么，缺少点 je ne sais quoi（拉丁语：我说不清是什么东西）……她可能很漂亮，艳光四射，魅力十足，但如果你这样的艳丽，可能就会缺少……总之一切都是天性使然。[33]

在你看来，最差的品位是什么样的？

你不能脱掉一个女人的衣服，你应该尊重她。裸体是最粗鄙的。毛衣也不应该太紧身，头发要做好造型。顺便说一句，穴居原始人的毛发太多了；你得适当去掉一些东西。不过，把头发剃光这样的手段似乎有点太激进了……[34]

最近，时尚界似乎有一种雌雄同体的审美趋势。你如何看待性别之间界限的模糊？

啊，但我们的身体终究是不同的！我们应该对彼此之间的区别感到真正的自豪！如果你抹去了所有女性化的特征，那我们怎么还能期待男人们认出我们、欣赏我们、尊重我们？我敢肯定，你一定注意到了你穿裙子和穿裤子时，动作和外表都有所不同……而你身边的男人对你的态度无意之间也会有所不同：相信我，服装对个体行为能产生巨大的影响。记住这一点，你的生活会更和谐，你也能更好地享受自由。[35]

33 Bleichroeder, "Madame Grès," 256.

34 Zerbib, "'La femme n'est pas un clown' ou la mode vue par Madame Grès," 85.

35 Vergnaud, "Rencontre avec Madame Grès," *Marie France*, 49.

美国人对你的成功起到了什么样的作用?

他们给了我勇气。他们太热情了。我有点吃惊；当我感受到他们的热情时，我哭了。[36] 我最喜欢美国人的一点就是，他们总是能第一时间发掘新鲜事物。[37]

你的顾客群是什么样的?

我的顾客都非常特别，是特别的女性。我得承认，有时候她们给了我工作的灵感。这些女性大多是法国人，其中也有美国人、巴西人和希腊人。跟美国人一起工作非常棒。美国女人总是有不一样的想法，不一样的身材。她们懂得欣赏雕塑。她们很时髦，也很懂得简约之美。最重要的是，美国女人的胸部和背部很美。还有非常修长的腿。[38]

你会关注竞争对手的设计吗?

其他人的设计？我对其他任何人在做什么一点兴趣都没有。在我的职业生涯中，我从来没去过其他任何一个设计师的发布会。你必须坚持从自己身上找到灵感——而不是从其他人身上。我不相信能从其他设计师身上学到什么。时装的意义，就是用一种非常个人的方式来剪裁和处理面料。这跟外部的影响无关。如果你不能做出独一无二、专属于自己的东西，那一切的辛苦都白费了。我还拒绝过一些想来参观我的作品的设计师。服装设计师应该是完全独立的个体。[39] 当你独处时，你跟平时就不一样了，你的头脑开始运作。所有的事情都是我一个人做的。我不会跟从其他设计师。每个人都应该给自

36 Brantley, "Mme. Grès: An Original," 34.

37 "Something New — Key to Alix Grès' Success," 14.

38 McEvoy, "Gres Matter," 7.

39 McEvoy, "Gres Matter," 7.

己的作品加入一些个人元素。[40]

你的灵感通常来自哪里？

我的工作非常忙，没有时间受到外界的影响。实际上，我也完全不相信什么流派或创作类型。你应该独立看待每一件独立的事情。如果你决定要跟从某种风格或是某种流派的时候，你就不能开放自己的思想了。[41] 不过，你可以来一次美妙的旅行，从你的所见所闻中找到一些灵感，据此创造出一件独特的作品，一件独特的充满法式风情的作品。这就是伟大的设计师会做的事情……[42]

那你如何看待街头时尚？

我从来不上街。我没时间坐在咖啡馆的阳台上看街上人来人往。我大多数的时间都花在了家里和工作室里，准备我们的衣服。[43] 我不会留意街头。我已经超越了这个层次。[44]

你如何看待你所处的这个时代？

你无法阻止事物的发展。你也不能判断它们是好还是坏。每一天都有变革在发生。我不喜欢把现在和过去作对比。[45]

想要成为一名设计师，需要具备什么样的特点？

天真是非常重要的——纯洁和天真。这会让你敢于去尝试别人不敢尝试的东西。[46]

40 Sandra L. Rauffer, "Madame Grès's Story," *Revelations*, November 20, 1978.

41 Brantley, "Mme. Grès: An Original," 34.

42 Vergnaud, "Rencontre avec Madame Grès," 49.

43 Zerbib, "'La femme n'est pas un clown' ou la mode vue par Madame Grès," 84.

44 Grès boutique. Print advertisement, *Vogue* (France), August 1980.

45 Brantley, "Mme. Grès: An Original," 34.

46 Bleichroeder, "Madame Gres," 256.

我们能不能这样说：你把生命献给了时装？

我根本对什么叫个人生活毫无概念。我的生活完全是属于时装屋，属于里面的工作人员的。我认为，当我把能说的都说了，能做的都做了，对我来说，创作就是唯一的出口……对每个人来说，时间都很公平地不断流逝。我的家人肯定比我承受了更多的不容易。我把自己从家里，一个温馨的家里给分离出去了；不参与家庭聚会、家庭派对和家庭旅行。而且被忽视的不仅仅是我一个人的家庭，我还不得不让我的团队也放弃他们的个人生活。[47] 自由来自自己的内心。[48]

有什么后悔的吗？

我必须选择：生活还是工作。我有个心爱的女儿。我有个很棒的丈夫。我的父亲，我的母亲。我牺牲了跟他们所有人的相处。有过后悔吗？如果我有任何后悔的事情，也不会说出来。[49]

47 Sahoko Hata, *L'Art de Madame* Grès (Tokyo: Bunka Publishing Bureau, 1980), 254.

48 Vergnaud, "Rencontre avec Madame Grès," 49.

49 Elisabeth Sancey, "La mode au temps de Madame Grès," *Paris Match*, March 24, 2011, 37.

8　格蕾夫人

皮埃尔·巴尔曼肖像

9

PIERRE BALMAIN
皮埃尔·巴尔曼

皮埃尔·巴尔曼，你是怎么进入时尚界的？

高级定制的世界有很多不同的入口。有些像卢西安·勒龙，是继承来的家业。克里斯蒂安·迪奥家里经济条件有限，所以就早早毕业，先是在一家画廊工作，然后开始把自己的设计卖给服装店和衣帽店。至于我，自从有记忆开始就对服装设计，以及围绕着女性的身体摆弄布料产生了浓厚的兴趣。时装的世界一直深深吸引着我，尽管我的家庭背景里既没有设计师也没有人鼓励我从事这个行业。[1]

跟我们说说你的职业生涯是如何开始的吧。

我的职业生涯始于皇室的荫庇之下。我刚开始给莫利纽克斯工作的那个礼拜，正好玛丽亚公主和肯特公爵在伦敦结婚，而莫利纽克斯一直为公主提供服装。[2] 我现在还能记起当时那个 18 岁的男孩，有点苍白，头发很长，穿着一身尚贝里（Chambéry）最好的裁缝定制的西装。那时候我在美院学习，想要赚点钱，就拿了一些素描给莫利纽克斯。他雇了我，我开始每天下午去皇家大道给他干活，上午继续读建筑学的课程。不久之后，他建议我全职工作，我就这么进了时尚圈。我在读高中和读法国美术学院的时候，在笔记本的空白处画了无数的女性速写；现在我的工作是服装设计，建筑却对我越来越重要，在我的设计本上，常常会画一些园林的设计。这二者之间的区别其实没有那么大：我常常像一个建筑师那样思考。[3]

让我们接着谈谈你早期获得的那些出人意料的成功。

我小心翼翼跨进时装界的第一步，是用 90 法郎的价格卖了 3 张设计图给罗伯特·皮埃特。[4] 我准备了这些草图，希望说服哪家时装屋能给我一份工作。我没想过真的会有人买下它们，但结果却是惊喜的。不得不说，这个价格让我万分激动。[5]

1 Pierre Balmain, *My Years and Seasons* (London: Tassell, 1964), 2–3.

2 Press Kit for Pierre Balmain Spring Collection, 1976, Centre de Documentation Mode at the Musée des Arts Décoratifs.

3 Pierre Balmain, "Des rapports de l'Architecture avec la Couture." (Lecture presented to the Jeune Barreau, Brussels, Belgium, November 24, 1950), 3–4.

4 Press Kit for Pierre Balmain Spring Collection, 1976.

5 Balmain, *My Years and Seasons*, 31.

你跟皮埃特先生的第一次见面是愉快的吗？

当时皮埃特先生刚在西克街 5 号开了一家金碧辉煌的新店，那里有厚厚的黑色地毯，深棕色的缎面椅子，还有镜面的墙壁。我去店里的时候，那里正在展示他的服装系列……我不能在里面逗留太久。接待员可能是怕我会剽窃他的设计理念，急匆匆地把我带进了皮埃特的工作室。他的工作室在阁楼上，铺着红地毯，里面唯一的家具就是一张裁剪台和几个木头凳子。我认为这里与楼下金碧辉煌的店铺之所以有这么强烈的反差，是因为皮埃特刚开始建立自己的时装帝国。他傲慢而彬彬有礼地接见了我，一言不发地翻阅我的设计草图。最后，他依然不予置评，只是选出了三张，然后给他秘书打了个电话。秘书来到门口，等着送我出去。他问我有没有看过当时正在上映的《红楼春怨》(*The Barretts of Wimpde Street*)，然后建议我在下一周来给他看更多设计草图之前，看一看这部电影。然后我被带到财务，也就是他的表弟那里。那是个虎背熊腰的人，几乎快要塞不进楼梯下面那个小小的隔间了。秘书跟他说了些什么，他就给了我 90 法郎。[6]

你当时有三封推荐信：一封是给勒龙时装屋的，一封是给浪凡夫人的，还有一封是给莫利纽克斯上尉的。

我先去找了浪凡夫人。我打了几个电话，在休息室里转了好久，充满希望地盯着她办公室的门，令人印象最深刻的是，那扇门上挂着一块牌子：夫人。唉，可惜没什么用。最后她的秘书很有礼貌地跟我说："夫人不需要你。"因此夫人从没

6 Balmain, *My Years and Seasons*, 30–31.

接见过我。之后，我去马提翁街 16 号找了卢西安·勒龙，那里的空气中弥漫着浓重的香水味，整座房子都充满了奢华的氛围。勒龙先生彬彬有礼地接见了我，仔细地研究了我的设计。"我很愿意帮助你，"最后他说，"但我现在确实不需要你的帮助。"然后他亲自送我去了电梯间。[7]

但最后莫利纽克斯上尉总算是面试了你。

我抓着推荐信走进了皇家大道 5 号那座优雅的 18 世纪建筑。门卫立刻把我带到后门，我爬上一座陡峭的楼梯，来到工作室秘书的办公室。那是个身穿珍珠灰连衣裙和同色系鞋子的女孩，非常迷人。

跟其他人一样，她对我的态度也是无懈可击的礼貌，加上居高临下的傲慢，在我看来，这就是最典型的时尚圈气息了。她被我要见见莫利纽克斯上尉的想法吓了一跳。"现在上尉不见任何人。"她说，"把你的材料留下来，然后……"我拒绝了，并提出了更强烈的要求……最后，我获得了允许。在一间有大落地窗、珍珠灰缎面墙壁和镜面壁柱的房间里，我见到了他。他站在燃烧的炉火前，壁炉上装饰着一颗高棉风格的佛头。他读了介绍信，浏览了我的作品。然后他开口说话了，他的英国口音让我笑了起来。他问了我几个关于建筑专业学习的问题。我的草图没有引起他的兴趣，但他愿意在第二个礼拜更空闲的时候再见见我。[8]

7 Balmain, *My Years and Seasons*, 32.

8 Balmain, *My Years and Seasons*, 33.

所以你第二个礼拜又去了。这次他跟你说了什么?

"我们不从外面买设计稿,而且跟上次的设计稿比起来,我也没有更喜欢这些。"上尉露出了笑容,让他的措辞更柔和一些。"不过,我觉得我们可以跟你进行一些合作。以后,你上午继续上课,下午来这里上班。一个月以后,我会告诉你,你应该放弃建筑学还是时装设计。"[9]

你跟着他工作了 5 年。你学会了什么?

我学会的第一课就是,你不应该给模特添加任何多余的东西,相反,应该取出所有不必要的东西。就像是一个作家,设计师应该用尽量少的语言去表达清楚自己的意思。只有在让造型更加完整的时候,一个细节才是有效的。[10]他一直崇尚极简,比如说让公爵夫人穿上女仆的衣服,让她们意识到纯白的衣领要比她们的珍珠项链更加宝贵。

我沿袭了他的这种理念,偏好纯色而摒弃花哨的细节。我还从这家优秀的时装屋获得了自信,相信没有东西可以阻挡我的理想。这就是我从这位优雅的、冷漠的、统治了 19 世纪时尚界的英国人那里获得的宝贵财富。[11]

1941 年,你又回到了原点,加入了勒龙。

我离开莫利纽克斯,加入勒龙。他给了我一份待遇非常优渥的合同,当一切细节都谈定了之后,他又一次彬彬有礼地把我送到了电梯间。[12]我将会大有可为,他跟我说。他最让我敬佩的一点是,他没有继续使用战前的设计师……而是启用

9 Balmain, *My Years and Seasons*, 34.

10 Balmain, *My Years and Seasons*, 36.

11 Balmain, *My Years and Seasons*, 53.

12 Balmain, *My Years and Seasons*, 33.

了一个跟罗伯特·皮埃特工作过很短时间的年轻人，当时只有很少人知道他的名字：克里斯蒂安·迪奥。"你们两个全权负责新的系列。"勒龙跟我们强调。[13]

跟我们说说你跟克里斯蒂安·迪奥的第一次见面吧。

走进来的是一个中等身高、相当肥胖的人。他的头发有点稀薄，眼神锐利，长着一只长长的鼻子和一双肉乎乎的手掌。"我是克里斯蒂安·迪奥。"他自我介绍道。"很高兴认识你，巴尔曼先生。但非常抱歉，我工作的时候需要绝对的安静。希望你可以好心地帮助我。"[14]

你们是怎么一起工作的？

我们在发表意见和建议时的表现完全不同。我是直来直去的金牛座，有什么说什么……克里斯蒂安则非常的温和、友好。他更喜欢绕着弯子表达自己的批评。"真是一条迷人的礼服，我亲爱的皮埃尔，但……"在这个看起来人畜无害的"但"后面，跟着的是一连串精致而优雅的批评意见。但我们这么做都是为了最后能得到最好的成果。[15]

你们也共用一间工作室吗？

克里斯蒂安占据了一间电话间改成的小房间，墙上装着消音垫，因为勒龙不想让任何人听见他的私人谈话……而我则在工作室的一团混乱之中扎营、画图、把图纸捏成纸团。那里人来人往，就跟皮卡迪里广场地铁站一样。[16]

13 Balmain, *My Years and Seasons*, 63.

14 Balmain, *My Years and Seasons*, 64.

15 Balmain, *My Years and Seasons*, 68.

16 Balmain, *My Years and Seasons*, 67–68.

但说实话，你的志向一直都是开设自己的时装屋，对吧？这在 1945 年法国刚解放的时候，可以说是很大的野心了。

简直可以说是个奇迹！我当时面对无数的困难。战争才刚刚结束，国内还在严格执行配给制。我们必须先从巴黎时装工会那里拿到面料的配额，然后去求供应商发发慈悲，给我们这家新开的时装屋一些面料。讽刺的是，我刚租下佛朗索瓦一世街 44 号的三层店铺，房子就被财政部征用了。在那种时候想开一家新时装屋，似乎是愚蠢极了。但无论如何，时装屋在 1945 年 10 月 12 日开业了。[17]

一切都是怎么开始的？

我几乎没用什么资金，开了一家小公司。在我的努力争取下，有一层楼的店铺免于被政府征用，那里安置了 16 个裁缝。实际上，我们展示第一个时装系列的那天，我还跟一个想把我们赶出去的军人吵了一架。但我坚持下来了。我们在二楼的每一个房间里工作，包括面朝天井的房间，还有厨房！那里连一点光线都没有。当时还经常断电，所以我们用了煤油灯。就是因为这个，我们最奢华的一件单品，一条纯手工制作出褶皱的薄纱裙，就在送货当天被烧毁了。客户需要带着这条裙子去美国旅行，她因此非常生气，取消了全部订单：5 条我们已经做好的裙子！这对我们来说是一次灾难性的打击，几乎让我们破产。[18]

17 Press Kit for Pierre Balmain Spring Collection, 1976.

18 Press Kit for Pierre Balmain Spring Collection, 1976.

你有没有获得朋友们的帮助？

格特鲁德·斯泰因 [1] 人很好，为我们时装屋撰写了她唯一的

一篇时装评论，这在美国和英国媒体上产生了非常积极的影

响。此外，早在 1945 年，《时代》周刊就刊登了一张我设计

的裙子的照片。所以 1946 年我去美国的时候，受到了时尚

集团极其热烈的欢迎，那种盛况足以冲昏任何一个新人的头

脑。但是抛开这一切外在因素，我之所以能迅速取得成功，

无疑是因为我创造了一种优雅的女性形象，而这种形象在战

争开始后就很久都没有现世了。[19]

你来自法国的萨沃伊地区，是吗？

我于 1914 年 5 月 18 日星期一早上 8 点，出生在圣让德莫里

耶讷区（Saint-Jean-de-Maurienne），距离艾克斯莱班（Aix-

les-Bains）不远。我父母是家境小康的商人。[20]

你第一次接触时装的世界，是在什么样的情况下？

我在圣让地区遇见了 20 世纪初在时尚圈赫赫有名的普里姆

特夫人（Madame Premet）的女儿。她来山上是为了疗养，

这期间她给我讲述了许多关于她母亲生活的故事：闪耀的球

形灯，灯红酒绿的夜晚，那个生活着成功设计师的花花世

界……尽管事实证明，想要过这种生活，得先过几年往纸娃

---

[1]　格特鲁德·斯泰因（Gertrude Stein）：1874—1946，美国作
家与诗人，第二次世界大战后移居巴黎。她在巴黎的沙龙是当时年轻
一代艺术家、文学家和"迷惘的一代"的港湾。塞尚、马蒂斯、毕加索、
海明威、菲茨杰拉德等大师都是常客。——译者注

19 Press Kit for Pierre
Balmain Spring
Collection, 1976.

20 Balmain, *My Years and
Seasons*, 3.

娃（Paper dolls）身上披挂布片的日子，但我还是坚信，我通过普里姆特夫人下定了决心，决定要成为一个出名的法国设计师，一个世界知名的、才华横溢的时尚艺术家，还要开创自己的商业帝国，从一个萨沃伊地区商贩的儿子，跻身于那个优雅的上流社会。[21]

哪些时装设计师影响过你？

我尽可能学了很多关于时装世界的知识。我读到过保罗·波烈家里的派对是如何精彩、让·巴杜在比亚里茨是如何花天酒地，还有关于香奈儿小姐位于勒梅斯尼吉洛姆的城堡的许多细节；但最让我目眩神迷的，还是道塞特先生的生活，他在世纪之交正可谓如日中天。在他最出名的那段时间，好像世界上每一个人都穿过道塞特先生的衣服。他的马和马车都装点得花团锦簇，他的家里堆满了奇珍异宝。他向整个巴黎开放了他价值连城的图书馆——但是当他发现，原被十拿九稳的荣誉勋章并不会颁发给他后，就拒绝签署后续的捐赠文书。讽刺的是，他后来又发现他的秘书因为过人的才华获得了这一荣誉。所以当有人问道塞特有没有荣誉勋章时，他就会流露出帝王般的蔑视，回答说："当然——不过我的秘书正戴着呢。"[22]

来到巴黎以后，令你印象最深刻的景象是？

我还记得 1932 年的第一个星期天，我从萨沃伊的家乡来到巴黎。我出了地铁，看见协和广场沉浸在一片耀眼的光辉之中。

21 Balmain, *My Years and Seasons*, 21.

22 Balmain, *My Years and Seasons*, 22.

我的喉头紧缩，眼中泛起了泪水：我梦寐以求想要征服的城市，先以它那美妙的和谐深深感动了我。我敢肯定，我的设计师同行们也有相同的记忆，他们中的大多数也来自外省的城镇。从某种意义上来说，他们现在展现给全世界的，就是他们眼中的协和广场：完美的对称，充满了精巧的数学之美。他们设计出华美而脆弱的衣裙，风格如同广场上流动的喷泉，随着他们灵感的涌动，根据他们想要向世界传达的不同信息，不断地更新、变化——在世界上小小的一角，这个叫巴黎的地方，有一大群女人要连续工作好几个礼拜，就是为了设计出这么一条华美的裙子，让另一个女人在几个小时里更加美艳动人，去度过她的人生，去拜访几个奢华的场所。而这种生活，是前者永远无法想象和企及的。[23]

在大学期间读的哪门课程，对你的创作最有帮助？

我为自己曾经修读过建筑学的课程感到自豪和高兴，虽然我在国立建筑学院只度过了非常短暂的时光，我依然对这门充满了创意的学习抱有最深的敬意。从本质上来说，我从事的工作是稍纵即逝的，因为每过几个月，曾经备受追捧的东西，就要被人遗忘。但要感谢某种神秘的规律，每一季时尚都会经历重生，如同凤凰从灰烬里升腾而起。设计师所追求的理想境界，其实比外表要崇高得多：这关乎比例，关乎形式，是一种对理想的追求，对优雅的追求。[24]

23 Balmain, "Des rapports de l'Architecture avec la Couture," 14.

24 Balmain, "Des rapports de l'Architecture avec la Couture," 13.

你先是建筑学的学生，然后成了专业设计师。这两个领域之间有什么联系吗？

无论是建筑还是时装，一开始都是一张白纸，然后你再用材料实现自己的想象。而这种想象需要建立在特定的基础原则之上，如果背离了这些原则，你将永远无法创造出美与和谐。这二者的另一个共同点在于，它们都由一个理念开始，然后你要找到一种方式来传递这种理念——不同个性的设计师，会选择不同的风格，但他们都会遵从同样的主题。对前者来说，这种主题就是地形，而对后者来说，就是女性的身体。如果忽视了实际地形，建筑师永远不可能造出匀称的建筑；而一个时装设计师如果忽视了身体的比例，也不可能获得任何成就。在这一点上这二者是相似的：时装设计师会打样，而建筑师也可以利用建筑材料——某种砖头、花岗岩、大理石或是水晶，来简单扼要地表达自己的理念。如果一个时装设计师想要获得成功，就要能同时成功驾驭厚重的粗花呢和薄如蝉翼的薄纱。[25]

但服装设计师的工作中还有更难的一点：时装是动起来的建筑。而服装设计绝对不能盖过穿着者的生命力。建筑师设计的作品，无论是奢华的还是功能性的，实用的还是花里胡哨的，归根结底都是静止的。服装设计师如果要设计一件短上衣，风格也可以是多种多样的，但当一个女人穿上它动起来的时候，它也必须维持自己的风格。当一个建筑师设计一座房子时，可不必考虑它在地震时要保持怎样的平衡或和谐。我见过一些衣服，穿着者稍微动起来，

25 Balmain, "Des rapports de l'Architecture avec la Couture," 12.

整体造型就毁了；还有一些衣服，在穿着者动起来的时候显得那么僵硬。所以说服装设计师还得对人体和人的动态有深刻的认识。[26]

你还有什么高见想跟我们分享？

在建筑师和时装设计师之间，还有另外一个更深层、更重要的区别：当建筑师在图纸上画下自己的设计，他跟最终要完成的房子或建筑之间，只相隔着用建筑材料把设计落到实处的这一步；而对服装设计师来说，草图只是记录下了他瞬间的灵感，而根据这个灵感创造出的东西却终将逃离设计师的控制，就像一个个性很强的孩子完全不受亲生父母的控制一样。一件衣服从设计到最终出现在公众面前，在这段时间内是持续变化着的。衣服（比建筑）更具有可塑性，因为布料（比建筑材料）更多变；它会改变自己的形式，而它的意义也随之变化。可以这么说，衣服是自己把自己加诸服装设计师身上的。[27]

你曾为索菲亚·罗兰（Sophia Loren）、英格丽·褒曼（Ingrid Bergman）、马汀娜·卡罗尔（Martine Carol）、玛琳·黛德丽（Marlene Dietrich）、碧姬·芭铎（Brigitte Bardot）和奥黛丽·赫本（Audrey Hepburn）等人设计衣服。你在这些顶级女明星之间深受喜爱的秘诀是什么？

这个问题太让人不好意思了。也许是我对优雅的理解——轻松和简约——正好符合我们当代人们的需求；不过我在跟客

26 Balmain, "Des rapports de l'Architecture avec la Couture," 13.

27 Balmain, "Des rapports de l'Architecture avec la Couture," 13.

户一起工作时，还是更喜欢自由发挥。也许还有一个简单的原因，就是我在巴黎或是在不计其数的差旅中见过的那些明星感受到我是多么热衷于给他们设计衣服，可以让他们个性的最细微之处得以生动地呈现在我们这个时间最伟大的艺术大师——大银幕之上。[28]

能和我们分享你对电影的看法吗？

摄像机是最残酷的：它不会容忍任何一丝瑕疵。因此，造型必须完美。这会让服装设计师无比兴奋：他得时刻保持高度警惕。你得选择在银幕上呈现出怎样的画面：它用服装造型，把角色在某个特定时刻的形象呈现在公众挑剔的目光之前。一个日常生活中的女人形象，可能会因为手部一个不合适的动作就穿帮了。而且，银幕会改变比例和细节，这对设计师来说也具有很大的挑战性。[29]

你在生活中有什么原则吗？

永远不要把话说死。刚开始工作不久的时候，我在一次采访中对记者说，设计师应该让作品自己说话。从此以后我得不停地说这种话了。[30]

这样的话，我还有一个问题要问你：既然有了成衣，高级定制还有存在的必要吗？

当然有。像我们这样的时装屋，无法离开高级定制而存在。但这也并不意味着高级定制就没有任何改变。现在，我们

28 Madame Alexandre, "Festival du Cinéma de Berlin," May 2, 1958, typewritten manuscript. Centre de Documentation Mode at the Musée des Arts Décoratifs.

29 Madame Alexandre, "Festival du Cinéma de Berlin," May 2, 1958.

30 Balmain, "Des rapports de l'Architecture avec la Couture," 3.

通常认为这个行业的发展变慢了，顾客对我们来说也就前所未有地重要。客人们对于高级定制的需求一直都存在。比方说，此时此刻就有超过一千名客人身穿高级定制，就像总有人需要珠宝、设计师款家具，或者是其他什么稀罕玩意儿一样。[31]

你怎么看待美国市场？

美国的问题都跟生产有关。美国人总是用惊人的效率来解决问题：一家运作良好的工厂里生产的外套，要经过 75 个工人的双手，沿着一条流水线从一双手被传递到另一双手。流水线上的每一个步骤都给它加上了点什么，然后被熨平、包装好、被穿上、被丢掉……但美国不是一个属于时尚的国家。尽管看起来有点矛盾，但巴黎的时装设计师们通过为少数优雅的客人定制服装，他们无意中为全世界的女性创造出了下一季要追逐和模仿的时装潮流。[32]

你怎么定义奢侈？

奢侈从来都不是炫耀和铺张；它主要是拒绝平庸。[33]

对伟大的设计师来说，他们的职业生涯会有起伏吗？

设计师的才华会在突然之间爆发，然后持续下去——也有人无法持续下去。在时尚这件事上，只有下坡路可走。[34]

你给自己在时尚史上的定位是什么样的？

31 Press Kit for Pierre Balmain Spring Collection, 1976.

32 Balmain, "Des rapports de l'Architecture avec la Couture," 8–9.

33 *Haute Couture Pierre Balmain—Erik Mortensen—Créations Contemporaines—Dessins de René Gruau*, exhibition brochure (Nantes: Galerie des Beaux-Arts, 1987).

34 "Pierre Balmain: 40 années de creation au musée," *Le Courrier Picard*, January 23, 1986.

现今依然在世的最年长的伟大设计师。[35] 不像夏帕瑞丽、库雷热或是迪奥，他们彻底改变了时尚，而我则是坚持做那个有勇气拒绝改变的人。[36]

最难做到的事情是什么？

在做一条裙子时，你最难做到的一件事就是保持简洁。让·勒塞耶 [2] 曾跟我说，在剧院里最难的事情就是给一个一丝不挂的人设计戏服。而在时装界，最难的就是设计一条最简单的裙子。[37]

你有什么特别的行为准则吗？

我的指导原则一直是：裙子从来都不仅仅是裙子本身；它的价值通过被美丽的女人穿上而最大化。[38] 在我的整个职业生涯里，我一直希望可以找到一种完全不用剪裁的设计——我在设计过程中总是会想象衣服里有一个女人，这让事情变得更复杂。不剪裁，或者尽可能地减少剪裁，这也许会限制想象，但却让创作中的挑战更加精彩了。[39]

你最喜欢女性曲线的哪一部分？

我喜欢明显的肩部线条。所以为了防止让女人们看起来像摔跤手一样，我重新设计了插肩袖。这样一来，肩部线条得以突出，比例也很和谐。[40]

---

[2]　让·勒塞耶（Jean Le Seyeux）：百老汇歌舞剧导演、戏服设计师。——译者注

35 Hélène de Turckheim, "La mort de Pierre Balmain—Un Homme de raffinement," Le Figaro, June 30, 1982.

36 Janie Samet, "Le Couturier des années Rolls," Le Figaro, March 28, 1996.

37 Balmain, My Years and Seasons, 37.

38 Pierre Balmain, "Quelques mots de Pierre Balmain," La Femme Chic, no. 466, 1956, 148.

39 Balmain, My Years and Seasons, 36.

40 Laurence Beurdeley, "Il habillait les reines et Brigitte Bardot," France Soir, June 29, 1982.

莫利纽克斯会在他每场发布会的最后用一件婚纱来结尾，你有没有
类似的仪式？

> 为了向温莎公爵夫人致敬，每场发布会上都会有一个模特身
> 穿海军蓝和黑色。[41]

你的座右铭是？

> 严格，永远严格。[42]

你现在还会做梦梦见什么吗？

> 我总是梦见自己在设计裙子。[43]

最后一个问题，你曾出现在无数的新闻报道里。你认为自己会以什
么样的形象存在于人们的记忆中？

> "皇家设计师"……时装记者想要吸引读者时，总是会写这
> 种陈词滥调。[44]

41 Beurdeley, "Il habillait les reines et Brigitte Bardot."

42 *Haute Couture Pierre Balmain—Erik Mortensen—Créations Contemporaines—Dessins de René Gruau*, 1987.

43 Martine Leventer, "Pierre Balmain: la retouche," *Le Point*, January 26, 1976, 73.

44 Press Kit for Pierre Balmain Spring Collection, 1976.

pierreBalmain

伊夫·圣·罗兰肖像

10

圣·罗兰先生，之前您要求我们用一种非常规的方式开始这次采访。

让我先给你读一段东西。这是我几年前写的，那时候我刚开始在工作中记笔记。"我想，有一些很重要的事情从来都没有人注意到。一个女人，如果她还没有找到属于自己的风格，如果她穿着自己的衣服却感到不自在，如果她无法与自己和谐共处，那她一定是一个不开心的女人，一个对自己感到怀疑的女人；你甚至可以说，她病了。人们会说，完美的健康是无声无息的。你也可以说衣服同样是无声无息的，那种完美的悄无声息的衣服；在这种情况下，衣服和身体合二为一，你会忘记自己到底穿了些什么；当你感到自己穿得就像是没穿一样舒服自在时，那些衣物是那样的安静，丝毫不会引起你的注意。这就是身体、服装和精神之间完美的关系。"[1]

在让女性能更轻易地变得优雅的过程中，你会如何形容自己的角色？

在这么多年的探索之后，我的时装艺术依然时时让我感到惊喜。没有什么比这更让我感到幸福。你以为自己可能是走到了陆地尽头，你相信自己已经经历了一切——忽然之间，你意识到你眼前的视野是无穷无尽的。是之前的经历让你能够看得那么远。有多少次，我被毫无希望的重重幕帘遮住前路，因此感到无助、精疲力竭和绝望——也就有多少次，幕帘拉开，我的眼前又出现了无穷的前景。在这种时候，欢乐，以及——我能这么说吗？——自豪之情充盈了我的内心。[2]

但与此同时，你的工作也给你带来了巨大的压力。

我的工作折磨着我。创作是痛苦的。一年到头，我都充满恐惧。我像个隐士般活着。我走不出去。这是一种艰难的生活，让我感觉自己跟普鲁斯特很相近。我非常欣赏他那些关于艺术创作以及由艺术创作所带来的痛苦的描写。我还记得《在少

1 Joan Juliet Buck, "Yves Saint Laurent on Style, Passion, and Beauty," *Vogue*, December 1983, 300.

2 Yves Saint Laurent, *Yves Saint Laurent par Yves Saint Laurent* (Paris: Editions Herscher, 1986), 27.

女们身旁》[1] 里的句子："是什么孕育了痛苦，又带给他无穷的创造力？"我还能从普鲁斯特的作品中引用很多精彩的句子，描述这种类似的痛苦。我抄录下一些，装裱起来挂在玛索大道我办公室书桌前的墙上。3 我知道，这么多年来，我一直严谨而诚实地工作着……我为了优雅和美丽拼尽全力。每个人在生活中都需要审美的幽灵。而我终其一生都在追随它，寻找它，捕捉它。我曾有过各种各样的焦虑，各种各样地狱般的经历。我体会过恐惧和巨大的孤独，走上过镇静剂和毒品的歧途，也曾深受抑郁和情绪失控之苦。突然有一天，我摆脱了一切，那种感觉既迷惑又清醒。马塞尔·普鲁斯特让我认识了神经质的本质："那华美而可悲的族群，正如同生活之盐。"在还没有意识到这一点之前，我就已经属于这个族群了。我没有主动选择拥有这致命的特质，但也正是它让我得以在艺术创作的天空中展翅高飞，和兰波 [2] 笔下的那些"盗火者"并肩而立，找到了真正的自己，并真正地了解到，一个人生命中最伟大的相遇，就是与自己相遇。4

为什么说服装设计师是一项要求很高的职业？

因为这个职业很可怕。你会在工作中丧失绝大部分的思考能力。这让人深感沮丧。你会失去对很多东西的掌控，你可能永远都没有机会去做一些你很想做的事情。比方说，我很想

---

[1]　普鲁斯特代表作《追忆似水年华》第二卷卷名。——译者注
[2]　阿尔蒂尔·兰波（Arthur Rimbaud）：1854—1891，法国诗人，早期象征主义诗歌的代表之一，开启了超现实主义诗歌流派。——译者注

3 Yvonne Baby, "Yves Saint Laurent au Met: Portrait de l'artiste," *Le Monde*, December 8, 1983, 29.

4 Yves Saint Laurent's farewell address at 5 avenue Marceau, January 7, 2002, typescript. Fondation Pierre Bergé- Yves Saint Laurent, Paris.

绘画，很想进入一家生活剧团 [3] 那样的剧场公司工作……不幸的是，你成为你专业领域的奴隶，你所拥有的成功的奴隶，你的天赋的奴隶。我并不喜欢我自己，相反，我时不时会想要逃离"时尚"或者说"时装"。我希望这个领域能有所改变。我希望后辈能够改变它，希望有朝一日，人们对时装秀的狂热、专制的时装评论能永远消失。而人们对这个领域的刻板印象也能被摧毁，就像在其他领域一样。[5]

从业这么多年后，设计对你来说还有挑战性吗？

时装是一个需要你做出巨大牺牲的专业。一年四季，每一季你都要面对你自己，是的。一切都是未知数。25 年来，我一直面对这样的挑战。[6] 每次我上台向世人展现一个全新的系列时，我都感到强烈的怯意，一直如此。我感到……责任的重大；责任太重大了：如果我失败了，几百个人就会失业。我反叛。我感到沮丧。我没有保持年轻，或是随心所欲的权利。[7]

听起来，设计师这个职业让你痛苦地自省。

寻找到自己，意味着一种无情的清醒；你能用几分力气去审视自己，就能有几分了解自己——或者是有几分讨厌自己。[8]我经历过几个阶段；任何阶段我都不后悔。无论发生了什么，

---

[3]　生活剧团（The Living Theatre）：1947 年创建于纽约，是美国最早的实验剧团。创始人是女演员朱迪丝·马利娜（Judith Malina）和画家、诗人朱利安·贝克（Julian Beck）。——译者注

5 Philippe Labro "Yves Saint Laurent: La mode d'aujourd'hui c'est démodé," *Le Journal du Dimanche*, February 2, 1969.

6 Jean-François Josselin, "Les années Saint Laurent," *Le Nouvel Observateur*, December 1983, 59.

7 Claude Berthod, "Saint-Laurent coupez pour nous," *Elle* (France), March 1968, 95.

8 Buck, "Yves Saint Laurent on Style, Passion, and Beauty," 396.

我都"时刻准备好了"。一个人的生活和职业。至少有 1000
种可能性。如果我的职业里发生了变化，我想那种感觉一定
又刺激又新鲜。[9]

目前，你的职业似乎正在发生变化。

好吧，这就是生活。时尚产业正在发生一些不可避免的变化。
我想，无论如何，伟大的设计师总能生存下来。但是那些更
小的时装屋，没有伟大的设计师的带领，就可能会倒闭。这
可能是势利带来的后果，在某种程度上这一点毫无疑问。但
无论如何，上乘的质量总是能经得住考验。[10]

时尚将走向何方？

走向矛盾的共存。一方面是最基本的，那些日常穿着的、几
乎没有性别差异的服装：毛衣、长裤、风衣、狩猎装，再加
上女人的衬衫裙。另一方面是充满诱惑力的晚装。这一部
分服装风格多变、难以预测。[11] 这种变化——是我希望看到
的——从 50 年前就开始了。这种变化跟裙子的长短无关，
跟人们对裙子长短的看法无关，跟任何的线条和廓形都无关。
不，不！我说的是一种精神上的革命。人们不再在乎自己是
不是优雅；他们心里想的只有诱惑。[12]

9 Baby, "Yves Saint Laurent au Met: Portrait de l'artiste."

10 Claude Cézan, *La mode, phénomène humain* (Paris: Privat, 1967), 131.

11 Claude Berthod, "L'événement-mode de la rentrée: Yves Saint Laurent choisit le prêt à porter," *Elle* (France), September 1971, 10-11.

12 Cézan, 130.

你的职业生涯是怎么开始的?

我把自己的一些草图寄给了米歇尔·布伦霍夫[4]，他建议我去巴黎时装工会学校（École du Syndicat de la Couture Parisienne）实习。当时我会画画，但对剪裁一无所知。我在那里学会了剪裁……嗯，不如说是对裁剪有了一点概念！我从学校毕业以后，让·谷克多和克里斯蒂安·贝拉尔把我介绍给了克里斯蒂安·迪奥。对我来说这个机会很棒。我可以在服装界继续工作下去（我必须承认，一直以来我都完全没办法做任何自己不喜欢的事情）！ 13

跟克里斯蒂安·迪奥的会面改变了你的一生，这么说会有点夸张吗?

对我来说，跟克里斯蒂安·迪奥一起工作简直就跟奇迹一样。你怎么描述我对他的崇敬都不过分。当时他是全世界最著名的时装设计师；他创建了那座独一无二的时装屋；他的工作团队也非常杰出；他是个不折不扣的大师。是他为我打好了基础。 14

还记得第一次见到他的情形吗?

当时我还是个乡下小子，没见过什么大世面，而他深深地迷住了我。我特别紧张，以至于话都说不出来。你无法想象那时候的时尚是什么样子的。啊，迪奥时装屋的伟大财富！ 15

[4]　米歇尔·布伦霍夫（Michel de Brunhoff）：1929—1954 年 *Vogue* 杂志法国版主编。——译者注

13 Cézan, 131.

14 Saint Laurent, *Yves Saint Laurent par Yves Saint Laurent*, 15.

15 Barbara Schwarm and Martine Leventer, "Yves Saint Laurent: Roi de la mode," *Le Point*, July 1977, 52.

当他在 1957 年突然去世之后，你被任命为他的继承人。

当时我在迪奥的角色已经非常重要。在他去世之前两个月，他对我妈妈说："我找到了自己的继承人；我去世之后伊夫可以接过重任。"16 我在迪奥工作时，会给妈妈做裙子，那时候迪奥先生还健在。我给她做了一条黑色欧根纱的连衣裙，还有一条灰白色塔夫绸的。我还给她做过一件灰色的西装，搭配意大利草帽，还有很多其他的东西。当我在回想自己的"新风貌"时期时，我眼前会浮现妈妈身穿淡蓝色夏季西装和巨大的百褶裙的样子。她头戴一顶康康帽，脖子上装点着玫瑰，腰间点缀着黑色天鹅绒丝带和荷叶边。我还给她的这个造型画过一幅肖像。我当时很喜欢画画。17 克里斯蒂安·迪奥去世后，我开始有机会呈现和创造属于自己的时装系列……21岁的年纪，我就进入了名流云集的圈子，而我一直想从那里逃离。我会一直热爱戏剧，但迪奥教会了我——是他，而不是时装或设计——要学会热爱时装行业的高贵之处。18

当时并不是所有人都认可对你的这一任命。

特别是迪奥的母公司：布萨克集团（the Boussac group）。他们不相信一个我这么年轻的男孩子能取代克里斯蒂安·迪奥。但是迪奥的得力助手雷蒙德·泽纳克 [5] 想办法说服了他们。19

---

[5]　雷蒙德·泽纳克（Raymonde Zehnacker）：当时克里斯蒂安·迪奥的行政总管。——译者注

16 Schwarm and Leventer, "Yves Saint Laurent: Roi de la mode," 52.

17 Baby, "Yves Saint Laurent au Met: Portrait de l'artiste."

18 Saint Laurent, Yves Saint Laurent par Yves Saint Laurent, 15–16.

19 Frantz-Olivier Giesbert and Janie Samet, "Yves Saint Laurent: Je suis né avec une dépression nerveuse...," Le Figaro, July 11, 1991.

你的第一场发布会大获成功。那个系列成功的秘诀是什么？

很简单：我把迪奥先生的设计变得更轻盈。我去掉了衬垫、印花和紧身胸衣。[20]

然而 20 世纪 60 年代，你的职业生涯因为兵役而遭受了破坏性的打击。

那段经历太糟糕了。就跟回学校上学一样糟糕。我跟他们说，我精神失常了，他们就把我送到了医院。两个礼拜以后，医生开了个会，决定免除我的兵役。但是后来，当时的国防部长皮埃尔·梅斯梅尔（Pierre Messmer）驳回了他们的决定。当时法国在跟阿尔及利亚打仗，马塞尔·布萨克不想让人家说他在保护我（因为伊夫·圣·罗兰是阿尔及利亚人）。因此他们又把我送到了圣宠谷军医院。我在那里待了两个半月……简直是一场噩梦。为了防止我逃跑，他们在我身上用各种药。我独自一个人，躺在一个房间里的床上，旁边不断有人进进出出。都是些疯子。真正的疯子。有些疯子还来抚摸我。我反抗了。其他一些疯子会无缘无故地大喊大叫。一个让人焦躁不安的地方。我吓坏了，在那里住的整整两个半月里只去了一次浴室。最后，我可能只有 80 磅重了。我的头脑都一团浆糊了。[21]

跟我们说说你的抑郁症吧，媒体上经常有你抑郁症复发的报道。

毫无疑问，皮埃尔·贝尔热是对的，他说我生来抑郁。我就是一个既坚强又脆弱的人。[22]

20 Giesbert and Samet, "Yves Saint Laurent: Je suis né avec une dépression nerveuse…"

21 Giesbert and Samet, "Yves Saint Laurent: Je suis né avec une dépression nerveuse…"

22 Giesbert and Samet, "Yves Saint Laurent: Je suis né avec une dépression nerveuse…"

你是最能代表巴黎时装的人，但你出生和成长在北非。

对那时候的我来说，世界就意味着奥兰[6]，而不是巴黎。也不是加缪笔下的魔幻之城阿尔及尔[7]，也不是奇妙的粉色的马拉喀什。奥兰是一个国际化的城镇，居民主要是来自世界各地的外国人；这座城市就像是由一千种颜色组合而成，在北非的艳阳下闪闪发光。[23] 这是一个发家致富的好地方，我们也真的在这里发家致富了。[24] 就像生活在其他殖民地的宗主国居民一样，我们跟祖国之间依然有千丝万缕的联系。[25]

你的家族是从哪里起源的？

我的父亲拥有一家保险公司，也参与一些电影制作。他的这支血脉来自阿尔萨斯大区。祖先们在 1870 年德国入侵时离开了法国科尔马。他们大多是一些公职人员，像是律师、法官、公证员之类的。我的祖先之一还起草了拿破仑和约瑟芬之间的婚约，并因此获封男爵。[26]

你的童年幸福吗？

是的。我和我的母亲、两个妹妹、祖母和姑姥姥一起生活。我们住在奥兰的一座四层楼大房子里，称得上一个欢乐的大家庭。然而，在我上小学之后，生活就分为了两个截然不同的两个部分：其中一个部分是欢乐的家庭生活，以及我用绘

---

[6]　阿尔及利亚西北部港市。——译者注
[7]　阿尔及利亚首都。——译者注

23 Yves Saint Laurent, *Yves Saint Laurent*, New York: The Metropolitan Museum of Art, December 14, 1983–September 2, 1984, 15.

24 Yves Saint Laurent, *Yves Saint Laurent*, 15.

25 Yves Saint Laurent, *Yves Saint Laurent*, 15.

26 Yves Saint Laurent, *Yves Saint Laurent*, 15.

画、舞台设计、戏服和剧场为自己打造出的梦幻世界；另一个部分则是我去的那所天主教学校。我是一个沉默、害羞、爱做梦的小孩，而我的同学们不仅排挤我，还嘲笑我、恐吓我、殴打我。所以在课间休息时，我都躲在教堂里；放学铃响起时，我会等到所有的同学都离开了才敢走，免得又被他们虐待。就是在那个时候，我下定决心要征服巴黎，尽自己最大的可能往上爬。我在心里对全班同学说，我要报仇：你们长大以后将会一事无成，而我将会拥有一切。我没有跟任何人说起过我在学校遭遇的一切，包括我妈妈。我放学一回到家就去

穆伊克（Moujik），
圣·罗兰先生的狮子狗

房间里，在一片硬纸板上画小小的轮廓（大概 6 英寸多高），然后剪下来，给它们穿上用布料做的衣服，这下它们就成了我的模特和演员。我有一个专门用来做这件事的房间；我做了一个 4 英尺半高的盒子，在里面做出舞台布景，打好灯光，用来当作迷你的小剧场。[27]

在你的青少年时期，有没有一个关键时刻在你的生命中留下了印记？

1949 年，我才 13 岁，看了路易斯·乔维特（Louis Jouvet）导演的《太太学堂》（L'École des femmes），布景是克里斯蒂安·贝拉尔。贝拉尔的魅力迷倒了我。他让我更坚定了追寻理想的信念。我想成为一个他那样的布景设计师。贝拉尔太懂得如何把一个角色塑造得活灵活现了；他知道如何通过几根简单的线条，就让戏服看上去焕然一新……我一回到家，就想自己导演一遍《太太学堂》。我妈妈给了我一张旧床单。我用水粉颜料把床单染了几遍，把它裁剪开来打扮我的小模特。我妹妹和侄子们来看了我的演出。我负责所有的配音。[28]

你从小就知道自己想要成名。

我总是野心勃勃的。我无法掩盖这一点。从很小很小的时候开始，我就想要出人头地，向人们展现自己的才华。10 岁时，我在一场生日派对上跟全家人宣布："总有一天我的名字会被写在香榭丽舍大街上。"有意思的是，香榭丽舍大街上后来真的开了一家圣罗兰专卖店。这只是一个孩子的梦想，真的。但你可以从中看出他的骄傲。[29]

27 Baby, "Yves Saint Laurent au Met: Portrait de l'artiste."

28 Baby, "Yves Saint Laurent au Met: Portrait de l'artiste."

29 Buck, "Yves Saint Laurent on Style, Passion, and Beauty," 396.

你的妈妈吕西安娜是你的第一个灵感缪斯，对吗？

我妈妈是一个很擅长穿衣打扮的女人。她喜欢出门，每次她出去跳舞之前都会等我们给她一个晚安吻，而这时我们就会围着她，惊艳于她的美丽。现在我还清楚地记得那条白色的薄纱连衣裙，有大大的袖子和大大的白色波尔卡圆点；这条裙子充满了诗意——薄纱是蛛丝般的轻盈。很多年以后，我在迪奥设计了一条类似的连衣裙。还有另外一段鲜活的记忆，让我获得灵感设计出了 1940 年的时装系列——这个系列被评论家批评得很惨。

那是在战争期间，我们住在奥兰城郊的乡下。那天我父亲不在家，我母亲也出门了——她去美国军事基地参加舞会。我们几个小孩带着随从偷偷跟着她。我们想看妈妈跳舞。那里的窗户很高，因此有一个随从就把我抱了起来，这样我才能看见舞池里的妈妈。她身穿一条黑色绉纱的连衣裙，V 字领，短袖，长度不到膝盖。她在身上别了一束小雏菊、矢车菊和罂粟花，还用一条黑色天鹅绒丝带拴着的塑料十字架替代了项链。美艳绝伦。我的 1940 年时装系列就是直接照抄了这一身。[30]

你的家乡奥兰，似乎对你的想象力和创作灵感有着至关重要的影响。

当我还是个孩子时，处于战争时期的奥兰就像是一个各种生命的大熔炉。北非在当时具有战略性意义。[31]

30 Baby, "Yves Saint Laurent au Met: Portrait de l'artiste."

31 Buck, "Yves Saint Laurent on Style, Passion, and Beauty," 300.

一个人的创作总是会受到过去经历的影响吗？

每一次创作在本质上其实都是再创作，是用新的眼光去看待同样的旧事物，然后用不同的方式表达出来，用更近的角度去观察，重点突出那些之前可能被忽略了的元素。[32]

你著名的狩猎装，灵感是不是来自那时候看到的军装制服？

确切地说是协约国军队的制服，卡其色和米黄色的那种。还有海军军官穿的藏青色和白色制服。奥兰是一个很大的港口，有战舰进出。因为死亡随时可能到来，人们都尽情寻欢作乐。我现在还是很喜欢港口，像是里约热内卢、新加坡，当然还有纽约、马塞、香港。那些川流不息的船只。[33]

你设计乡村风格上衣（peasant blouse）的灵感也来自在奥兰生活的经历吗？

是我的童年。每个节假日我都和祖父母一起度过，他们在奥兰的内陆拥有一些产业，葡萄园什么的。那里的感觉有点像亚特兰大——戴着头巾的女人们在葡萄园里劳作，身上穿着乡村风格上衣和百褶裙。直到现在还是这样。[34]

那你为女性设计的吸烟装呢？灵感来自哪里？

当时我深深着迷于玛琳·黛德丽[8]身穿男装的一张照片。她穿的是一件燕尾服，一件休闲外套，或是一件海军制服——

---

[8]　玛琳·黛德丽：1901—1992，著名德裔美国演员兼歌手。——译者注

32 David Teboul, *Yves Saint Laurent 5 avenue Marceau 75116 Paris, France* (Paris: Éditions de La Martinière, 2002).

33 Buck, "Yves Saint Laurent on Style, Passion, and Beauty," 300.

34 Buck, "Yves Saint Laurent on Style, Passion, and Beauty," 300.

都有可能。一个身穿男装的女人，为了驾驭这么一身不属于她的衣服，必须要最大限度地展现出她的女性魅力。她应该化上最美艳的妆容，每个细节都精心打造。[35]

时装，在性别角色和性别观念方面起着什么样的作用？

现在，男性气概已经不再意味着灰色法兰绒和肌肉发达的肩线，女人味也不再靠雪纺或是低胸来演绎。我想，这个时代的性别角色不再意味着芭比娃娃一样的女性和占据主导角色的男性。女孩子们不必再嗤笑、装傻，或是靠露大腿来表明她们是女人。男孩子们也不用为了证明自己的男子气概而拿手杖敲击地板、大摇大摆地走路，或是给小胡子打蜡。以前，男人和女人就像是不同的行星，轨道偶尔相交。现在，男孩和女孩的身份不仅仅是平等：他们可以很相似，同时又保持不同。现在的社会要宽容多了；他们可以更真实地做自己，不去理会传统的性别印象。他们的生活不再有什么差别，所以他们穿上同样的牛仔裤、毛衣、海魂衫和上衣也很正常。[36]

在你的职业生涯中，黑色面纱似乎是非常重要的一个元素。

黑色面纱经常出现在我的系列中，它代表着死亡——每当我做完一个系列，它就不再属于我了，我也随之死去了一点。这也可能是阿拉伯式的面纱。黑色的雪纺或绢网面纱已经成了我的标志。一种神秘的意味。[37]

35 Yves Saint Laurent, *Yves Saint Laurent par Yves Saint Laurent*, 20–21.

36 Claude Berthod, "Les hommes nouveaux que nous prépare Saint Laurent," *Elle* (France), May 1969, 154.

37 Buck, "Yves Saint Laurent on Style, Passion, and Beauty," 301.

对你来说，黑色有很多种不同的意义。

我喜欢黑色，因为这个颜色非常浓烈，让一切都变得更加醒目，更加有风格……我会使用金色、纽扣、腰带或链条，让黑色看起来更明亮。或者用飘逸的白色长围巾来让黑色的色块有个重点。我不喜欢女人用女上衬衫搭配我的西装外套；穿一条简单的 T 恤会更好。黑色在阳光下看起来也很漂亮。我讨厌别人在大太阳底下穿明亮的颜色：黄色、橘色、粉色、青绿色——太简单直接了。至于那些不喜欢黑色的女性，还可以选择藏青色。如果你不时想换换色调，可以试试白色，搭配自然的沙土色系或者说大地色系。[38]

你从一开始搞设计就使用黑色了。

在我最早期的设计系列中，我常常用黑色表达自己。用浓重的黑色线条象征白色纸张上的铅笔痕迹，那就是最纯粹、最完美的线条。我从黑色开始着手，接着又加入了别的深色调；除此之外还有红色，我一直非常热爱红色。[39]

红色有什么特殊之处？

红色是妆容的基础：唇膏、指甲油。红色是高贵的颜色，是红宝石的颜色，也是象征着危险的颜色。有时候你要去跟危险共舞。红色是宗教性的，是鲜血，是贵族，是菲德拉[9]和其他许许多多女英雄。红色就像是生与死之间的搏斗。[40]

---

　　[9]　　菲德拉（Phaedra）：古希腊神话中米诺斯与帕西法厄之女，忒修斯之妻。——译者注

38 Yves Saint Laurent, *Yves Saint Laurent par Yves Saint Laurent*, 96–97.

39 Baby, "Yves Saint Laurent au Met: Portrait de l'artiste."

40 Baby, "Yves Saint Laurent au Met: Portrait de l'artiste."

你是出了名的喜欢使用亮眼的配色。

其实，这也反映了我在专业领域内的某种成长。从前，我觉得黑色让我更舒服，因为它可以掩盖我的弱点。现在，我在工作中更得心应手了，因此也更敢于使用色彩了。[41]

你的设计语言一直围绕着某些特定的主题及其变体。

主要是那些巴洛克风格的主题。在很长时间之内，我都沉浸在这些主题之中。比方说，我对画家一直很热衷，如马蒂斯、蒙德里安、毕加索。我根据他们的作品设计了一些裙子。还有费尔南·莱热 [10]。还有一些时装的灵感来自民族服饰……这个词是这样说的吧？在非洲、亚洲和斯拉夫国家，人们的着装风格并不怎么随着时间而演进，在大多数情况下，年轻女人穿的衣服和老年女性穿的差不了多少。这也证明了我的理论：无论你年龄多大，都可以穿你想穿的任何衣服。这也可以解释为什么我的男装线相对单调。你可以选藏青色、白色或是黑色夹克。燕尾服可以用来搭配长裙、短裙或长裤。你可以在这些主题之上创造出属于自己的变调。不得不说，这也是我成功的秘诀。感谢香奈儿，她曾把我视为继承人。她觉得我的这个思路是对的。[42]

你和香奈儿小姐共度过很多时光吗？

不。我其实很怕接近她。她让我压力很大。我只见过她一次，

---

[10]　费尔南·莱热（Fernand Léger）：1881—1955，法国立体主义画家。——译者注

41 Hélène de Turckheim, "Saint Laurent dessine son 'été 34' et répond aux questions," *Le Figaro*, October 16, 1973.

42 Josselin, "Les années Saint Laurent," 58.

在丽兹酒店。我不得不过去跟她打招呼。当时我跟劳伦·白考尔 [11] 在一起，她身穿一条迷你裙。众所周知，香奈儿看不得迷你裙。香奈儿跟我说："不管你做什么，圣·罗兰，别做迷你裙。"[43]

可以为我们介绍一下你的创作方法吗？

我的创作过程跟画家、雕塑家、建筑师、音乐家是一样的。服装设计师的创作，是为了创造出时尚。所以我们必须敢于原创，像香奈儿、巴伦西亚加、迪奥那样。用一句话概括，就是找到并发扬一种风格。20 世纪 60 年代的我非常走运，但你不能说那时候的我拥有自己的风格。

但找到属于自己的风格还不够。你必须坚持这个风格，不断改良这个风格，为它注入生命力。现在，比方说，我可以一年做四次夹克，每一次都有所不同。把时装的每个部分都做到尽善尽美，真是一件了不起的工作。这成就了今天的我；让我能够在时尚的领域里不断超越；所以女人们可以穿上我很久以前设计的裙子，却丝毫不觉得过时。[44]

一年四季，每次开始设计新系列的服装，我都忙到没有自己的时间。我觉得自己就像囚犯一样。我的身体被掏空了。但是突然有一天，一切都变了，我成了世界上最幸福的设计师。我看着自己欢呼雀跃地工作，浑身充满了灵感和直觉，而这个"我"的热情完全感染了我。天哪，当我失败时，我

---

[11]　劳伦·白考尔 (Lauren Bacall)：1924—2014，好莱坞著名的"蛇蝎美人"，2009 年获得第 82 届奥斯卡终身成就奖。——译者注

43 Giesbert and Samet, "Yves Saint Laurent: Je suis né avec une dépression nerveuse…"

44 Baby, "Yves Saint Laurent au Met: Portrait de l'artiste."

是孤独一人；但当我成功时，我就变成了两个人。[45]

　　我也犯过很多错误。我工作时非常铺张浪费。随着工作的推进，我会逐渐精简。每隔三天，我们工作室都开一个汇报会议，每次会后我都会砍掉几款设计。最后剩下的就只有很少的一部分了，就像查理·卓别林说的那样："摇晃一下树干，最后还留在树枝上的才是最好的。"刚开始的时候，我的设计是从我画的草图出发的。这就有可能最终导致最严重的错误。因为我后来学会了一点，就是要对个人的灵感保持警惕，因为与其说时装是艺术，不如说是工艺，其出发点和目的都是物质性的：也就是女性的身体，而不是什么抽象的概念。一条裙子不是一个"建筑"，而是一个房子：它不是为了被观看而存在的，而是为了被居住而存在的，住在里面的女人应该感到自己很美、很舒服。其他的一切都只是废话而已。[46]

你面临的最大挑战是什么？

　　我永远学不会的一件事情，就是对自己的想象力和创造力充满自信。我总是觉得所有的一切都迷失了。另一件我无法改变的事情，恰好跟对于"开始"这件事的恐惧相对应，是对于"结束"的悲伤和空虚。我想，当你写完一本书的时候也会有这样的感觉。当一切都结束，最后一针被缝上，你会觉得自己像个孤儿。你的所有创意都被用尽了；它们的命运就像之前的那些创意一样，也像之后的所有创意一样。你的所有努力，所有不眠不休的夜晚，都被终结了……这太残酷了。

45 Françoise Sagan, "Saint Laurent par Françoise Sagan," *Elle* (France), March 3, 1980, 9, 12.

46 Berthod, "Saint Laurent coupez pour nous," 95.

你创造出的这一切，都不可避免地走到了终点。时尚的本质，就是这样的稍纵即逝。[47]

需要花多长时间才能掌握时装这个专业？

大概需要 15 年，才能在自己做的时候产生一种第六感。[48]

当你在创作时，通常是不是一个人？

这份职业的根源在于激情：就我来说，如果事情没有按照我的设想进行，那我宁可去死；而在发布会开场之前，我也不会对任何事情感到完全满意；除了我之外，这个产业里还少不了女裁缝。她们靠双手工作；她们保守着高级时装的秘密（这些秘密来自她们的母亲和祖母）。这些缝衣女工的手艺正在消失，她们在未来社会里似乎也没有容身之地，取而代之的是那些终日守在缝纫机旁边的女人们。我经常让她们的工作手忙脚乱，但我从来不会不尊重她们：我不会让她们做一些我自己都不相信的事情；她们能感觉得到，还会瞧不起我。设计的过程开始后，我会站在工作室里，给手下的不同部门下达一个又一个命令，布置一个又一个任务；然而我并不知道，这一切忙碌、这一切纷乱，会不会把我带到我想去的地方，这时候我会感到自己只是孤身一人。但下一刻，每个人都开始需要我，都看着我，等我告诉他们接下来该怎么做，这时候我又感到自己对他们每一个人都负有责任。[49]

47 Sagan, "Saint Laurent par Françoise Sagan," 12 .

48 Buck, "Yves Saint Laurent on Style, Passion, and Beauty," 301.

49 Sagan, "Saint Laurent par Françoise Sagan," 9.

对你来说，创作的过程难不难？

在某几年，非常难。有时候我直到发布会之前 10 来天才能想出整个系列的主题或是概念，接下来的 10 天里，每个人都会忙到发疯。我会精疲力竭地出现在工作室里，所有的女人都会满怀同情又严肃地看着我。[50]

你是如何设计裙子的？

我所有裙子的诞生都来自动态。如果一条裙子无法反映或是

50 Sagan, "Saint Laurent par Françoise Sagan," 9.

"爱"，1971

无法让你想到它的动态，那就不是一条好裙子。等你找到了自己想要的动态，就能决定它的颜色、版型和面料——这个过程不能反过来。比如说，剪裁分为直裁和斜裁。很多年来我都偏爱直裁。我当然也知道怎么做斜裁，但我做得很糟糕，就像是一个不知道怎么用半音的作曲家。我"看不见"斜裁的样子。然后，就在 3 年之前，一个女人来拜访我。她教会了我关于斜裁的一切。你应该还记得那年，我所有的裙子都充满了民族风情，富有体积感，还带有俄罗斯风情，凡此种种。这就是因为我学会了斜裁。当然在此之后也并不就是一马平川的大路了，相反还充满了曲折。我也知道，这个所谓的虚伪的产业里，所有的虚伪都不会影响到我。[51]

在你设计的过程中，模特有多重要？

对我来说，模特是个至关重要的角色。如果没有一个真人模特，我就无法做设计，因为服装里没有生命的存在。在这一点上，我可能跟很多设计师不同，他们更喜欢在木质人台上进行设计。至于我，我只能在真人模特身上进行设计，她们可以激发我的灵感。如果没有这些女人，我什么都设计不出来。我把她们包裹在面料里；我想看见布料在她们身上流动、起伏。这些动态太美了，我有时候甚至想用速写记录下这些时刻。[52]

我一直有意识地寻找那些称得上"it girl"的女孩，那些用自己的个性影响一个时代的女孩，或者女人。比如说凯瑟琳·德纳芙（Catherine Deneuve）。有一个女人帮了我很多，

51 Sagan, "Saint Laurent par Françoise Sagan," 12.

52 Josselin, "Les années Saint Laurent," 58.

一个叫丹妮尔（Danielle）的模特。她来自里昂，当时在时尚圈还是个新人。我选中她的时候就意识到她的身体、她的姿态，非常能代表当代女性。一切都很对！我不需要教她任何东西。相反，她还帮我丢掉了那些过时的参考资料——时装的故纸堆。我们之间有些事情在发生。我改变了她，毋庸置疑，但她的态度、她的举止，从来没有改变。当我想让她尝试什么事情但是失败了的时候，我知道我得立刻、永远地丢开这件事！她帮我进步。[53]

你有没有因为新系列的反响而沮丧过？

人们只能看见一个系列最无关紧要的一面。他们永远看不见其背后的技术。他们看不见我们的工作。他们沉迷于噱头和套路之中。他们会说，"今年流行长款或者流行短款，或者流行红色或者流行黑色。"但他们无法理解整体的意义。他们无法理解。[54]

你成功的秘诀是什么？

我认为我的成功来自，即使我没有身处其中，依然可以很好地感知当下的生活。[55]

你曾遭受过失败吗？

有两次非常惨烈的：……一次是发布了非常糟糕的一个系列，正逢库雷热推出了他最杰出的迷你裙。当我看到照片时，我几乎无法接受那些衣服是我本人设计的。后来这个系列没有

53 Labro, "La mode d'aujourd'hui c'est démodé."

54 Labro, "La mode d'aujourd'hui c'est démodé."

55 Barbara Rose, "The Intimate Yves," Vogue, October 1978, 404.

成功，这一点也不奇怪。另一次是我的 1940 年代系列，我完全无法消化国际媒体针对我的侮辱性评论。松糕鞋、红色爆炸头、飘逸的裙子、半靴、银色狐皮……都招致了无穷无尽的嘲讽。但事实证明，所有的女孩都能接受这些。[56] 就连不穿我们品牌的人，都深受这股潮流的影响。顺便说一句，这股潮流影响至今……但是它后来沦为了朋克风格，在我看来这甚至是时尚的对立面。[57]

在你看来，你对当代时装语言最大的贡献在于？

我想创造一种永恒的风格，无论是男装还是女装。这是一种有意识的选择。我意识到比起女人，男人更确定自己要什么，因为他们的服装不怎么变，最多是变化一下衬衫和领带的颜色；而女人面对最新季的流行趋势，或是那些只适用于 30 岁以下女人的着装风格时，就会有点迷失，有时候还会惶恐。而我想做的就是对抗这种情况，我每一年都想要完善一种经典的风格，这就是我的安身立命之所在。[58]

最后，你打造了摩登女性的衣橱。

我打造的是当代女性的衣橱。我参与了我所在的这个时代的改变。我用衣服来参与了这种改变；毫无疑问，衣服比起音乐、建筑、绘画，以及其他很多种类的艺术来说没有那么重要，但无论如何，这是我的选择。我希望你可以原谅我对自己所从事的事业如此自豪，我一直都坚信时尚的存在不仅仅是为了让女人看起来更美丽，更是为了让她们更自信，对自己更

56 Turckheim, "Saint Laurent dessine son 'été 34' et répond aux questions."

57 Josselin, "Les années Saint Laurent," 59.

58 Buck, "Yves Saint Laurent on Style, Passion, and Beauty," 301.

有信念。我一直很反感某些传奇人物，他们满世界到处跑，用时尚来满足他们的虚荣心。我跟他们正好相反：我把自己放在服务女性的地位。我服务她们。我服务她们的身体，她们的态度，她们的生活。我想帮助她们继续推进 20 世纪开始的（女性）解放运动。[59] 作为一个设计师，我从来不推出所谓的"太空服"……我也不觉得当你的衣服还很新的时候，有什么必要每一季都更新。无论是雨衣、牛仔裤、无尾晚礼服还是风衣。所以我最后的成衣线和高级定制线，做的都是同样的版型。一件衣服越完美，看起来就越简单。我不会为了让衣服看起来更富丽堂皇而随便增加纽扣或是褶皱。[60]

关于你的职业，你最不喜欢的一个方面是？

我最不喜欢的是，时尚的创造都是建立在一个固定的日程之上。所有的衣服都会在一年之内过时，同时你又必须去接受一些新的衣服。这让时尚看起来既像是孕育一切的子宫又像是埋葬一切的坟墓。在生与死、过去和未来之间，我觉得自己被撕裂了。每一次你都会感到怀疑。你没有犯错的机会。你也做不到三四年里都保持正确。你总是在与外界对抗。设计师总是被要求对外界发生的一切和即将发生的一切都保持敏感，并将这一切表达出来。就这样，我打造了一条勒在自己脖子上的绳索。我只想在自己想设计的时候去设计，但我还是不可避免地被捆绑在了自己一手打造的商业帝国之上。[61]

59 Yves Saint Laurent's farewell address, January 7, 2002.

60 Berthod, "L'événement-mode de la rentrée: Yves Saint Laurent choisit le prêt à porter," 8.

61 Schwarm and Leventer, "Yves Saint Laurent: Roi de la mode," 57.

裙子应该给穿着它的女人带来些什么?

帮她传达一种信息!但首先,这个女人穿着这件衣服,应该变得更有魅力、更舒服。在我看来,优雅是最重要的,但这一点在今天人们的着装中恰恰被遗忘了。[62]

是什么让鸡尾酒裙这么特别?

它就像是时装中的灵光一闪。这么说吧,它是一种最优雅不过的裙子了。它填补了一种空白。假设一个女人想要出门,不知道该穿什么。以前,她得想办法找衣服穿。现在她有足够的衣服了。她需要的是更特别的衣服。鸡尾酒裙需要被人们重新审视和利用。[63]

你最喜欢的设计是?

如果我得从我所呈现的所有设计中选出一种,那我肯定毫不犹豫地选择无尾礼服。它第一次出现是在 1966 年,搭配的是一条透明女式衬衫和男式长裤。从那以后,无尾礼服出现在我每一年的时装系列里。可以这么说,它算是伊夫·圣·罗兰的"招牌"。[64]

你希望哪件单品是你发明的?

我经常说,我希望自己发明了牛仔裤:最精彩、最实用、最舒服也随性的单品。牛仔裤既有态度,又低调,可以很性感,也可以很简约——这些就是我在设计中所追求的一切。[65]

62 Josselin, "Les années Saint Laurent," 58.

63 "Yves Saint Laurent: A Nous Deux le Prêt-A-Porter," *Gap*, November 1971, 26.

64 Iréne Vacher, "Catherine Deneuve et Helmut Newton: La grande revue des 20 ans Saint-Lauren," *Paris Match*, December 4, 1981, 64.

65 Saint Laurent, *Yves Saint Laurent*, 23-24.

你觉得时尚是一艺术吗？

艺术？不如说是一种充满艺术性的专业。时尚非常复杂，有很多个侧面。创作过程确实跟绘画、雕塑和戏剧导演类似——因为时装发布会也是很重要的。你得仔细选择在这件衣服之后应该安排哪件衣服出场。稍有不慎，你就可能让一件衣服毁了另一件。[66]

可以这么说，当我（的设计风格）成熟后，我就成了个画家。这不仅是说我也关注着线条之美，还涉及我跟那些让我产生兴趣的面料之间的关系。一种大胆的、革新的面料，就像是一座可怕的战场。我的想象力如同一条河流，汇聚了音乐、绘画、雕塑、文学，就像尼采说的"审美的幽灵"。没有这些，生活也就失去了意义。[67]

1983 年，著名的大都会艺术博物馆为你举办了一场回顾展，这是他们第一次为还在世的设计师办展。这是一种什么样的感受？

看见自己 25 年来的作品能以这种形式呈现在眼前，这种感觉非常棒。我亲自挑选了参展的裙子；重新找回当年的那些裙子，看见它们依然保持原样，这种感觉有点奇怪。其中有些衣服是我自己保留下来的，另一些则属于顾客；其中还选取了 40 条戴安娜·弗里兰买的迪奥的衣服。对我来说最震撼的，是在经历了人生的风风雨雨之后，发现我当年设计的衣服还没有过时——这是我工作中最大的满足，甚至也可以说，是我人生中最大的满足。[68]

66 Josselin, "Les années Saint Laurent," 58.

67 Yves Saint Laurent, preface to *Histoire technique & morale du Vêtement*, Maguelonne Toussaint-Samat (Paris: Editions Bordas, 1990).

68 Buck, "Yves Saint Laurent on Style, Passion, and Beauty," 396.

这段经历让你领悟了些什么？

为大都会筹备展览的过程非常艰辛，我被吓坏了……我经常跟自己说，如果把我一生中所有的作品都放在一起，那几乎可以打破一个神话了。我一点儿也不奇怪这样一场展览在美国举办，因为美国人总是非常喜欢我的设计，也许是因为美国是一个新的国家，没有背负一段漫长的沉重的历史。我总是从美国人那里感受到巨大的温暖。[69]

几十年来，我们一直听说"高级定制已死"的说法。你会如何定义今天的时装？

高级定制，其实是一些不足为外人道也的秘密。很少有人能有幸道破这些秘密。[70]这么说可能有些不道德，或者说政治不正确，但那些裙子中凝结了最独特的工艺，基本上不可能在成衣中再现。订购高级定制的女人们，也许在无意间扮演了赞助人的角色。当高级定制死去的时候，也标志着一门伟大的人类技艺的消亡。[71]

当今社会，引领时装风潮的女性有哪些？

其实很少有女性能称得上是引领风潮。首先，有太多的着装风格了，不同的群体都有不同的风格。就算是同一个地区，也会有很多不同的生活方式。以前，只有两个不同的群体：上流社会和其他所有人。现在社会上的群体要数以千计了。我觉得明智的做法是把所有的元素都利用起来，来探索更多的可能性。[72]

69 Buck, "Yves Saint Laurent on Style, Passion, and Beauty," 396.

70 Teboul, *Yves Saint Laurent*.

71 Berthod, "L'événement-mode de la rentrée: Yves Saint Laurent choisit le prêt à porter," 10.

72 Rose, "The Intimate Yves," 407.

你最看重女性的哪一种特质？

比起女性的着装，我更看重她们动起来的体态。有些女性可能穿得很普通，但配上她们的体态和动作，看起来还是非常优雅和出色的。[73]

女人的年龄有多重要？

让女人变老的，不是她们的皱纹或白发。是她的动作。这里就要说到配饰的重要性了。配饰跟动作密切相关。一条你可以摆弄的围巾，一只解放你双手的单肩包——没什么比手里捏着一只提包更难看的了。一条软腰带——当然要加上链条装饰——让你可以扭动臀部。还有口袋，口袋也非常重要。假设有两个同样穿着直筒泽西连衣裙的女人，衣服上带有口袋的肯定感觉比没有口袋的自在。两手垂在身边、双臂抱在胸前，或是转动结婚戒指，这些动作都很不雅，简直称得上残障。还有鞋子。你永远不应该被鞋子拖累；相反，它们应该让你步履生风。[74]

女人应该被当作偶像吗？

我认为女性就应该是崇拜的对象，我指的不仅仅是那种神圣感，而且是那种想要用黄金来包裹她们的崇拜；就像西班牙征服者们用战利品来装点圣母像——用黄金和礼物淹没她们。[75]

73 Buck, "Yves Saint Laurent on Style, Passion, and Beauty," *Vogue* (US), December 1983, 301.

74 Berthod, "Saint Laurent coupez pour nous," 97.

75 Buck, "Yves Saint Laurent on Style, Passion, and Beauty," 301.

2002 年，你作了一个艰难的决定，决定离开你的高级时装屋。在时尚史上，只有克里斯托巴尔·巴伦西亚加有勇气在他最负盛名的时候这么做。

我非常幸运，能在 18 岁的时候成为克里斯蒂安·迪奥先生的助手，在 21 岁时继承他的品牌，然后在 1958 年发布我的第一个系列时就大获成功。很快，42 年就过去了。这么多年来，我的生活里只有工作。现在，我决定离开我深爱的这份工作。我还要跟多年来一直缠绕着我的审美幽灵说一声再见。我从童年时期就发现了它们，在我精彩的职业生涯中，它们也一直伴随着我。感谢它们，帮助我组建了一个大家庭，这个大家庭无私地帮助我、保护我。你们可以想象，现在要离开这个属于我的大家庭，这对我来说有多心痛；要知道，离开天堂之后，才最能感受到天堂的美好。我希望它们知道我会永远记得它们——就像之前的 40 多年里我在时装屋工作时那样。[76]

对新加入时尚圈的年轻人，你有什么建议吗？

不要让时尚的烈焰烧掉了你的翅膀。[77]

定义"奢侈"。

归根结底，时尚关乎你心灵的态度。我从来不觉得时尚就是围绕着金钱、珠宝，或是皮草：它更关乎对他人的尊重。[78]

76 Yves Saint Laurent's farewell address, January 7, 2002.

77 Teboul, *Yves Saint Laurent*.

78 Barbara Rose, "The Intimate Yves", *Vogue US*, October 1978, 404.

对当下的时尚业，你有什么看法？

> 我对时尚正在发生的变化非常担忧：到处都是发布会，真
> 正的内容却不够。有一天晚上我做了个梦，香奈儿和我去
> 丽兹参加一个晚宴，当我们来到康朋街上时，我们都哭了
> 起来。[79]

**你从很年轻的时候开始就想成名；你的梦想成真了。名望给你带来
了什么？**

> 我热爱名望。我热爱它。它太精彩了。我爱派对。非常欢乐。
> 闪闪发光。光彩夺目。缤纷多彩。香槟。金色的大烛台，金
> 色的墙壁，金色的装饰。名望总是金光闪闪的。金叶子。它
> 很古老。它很俗气。它很喧闹——非常喧闹。它易燃易爆。
> 就像是闪电。它不可阻挡。它笼罩着你。它夺走你的平静。
> 我渴望名望和财富。名望带给我力量。它净化了我，陶冶了
> 我。它让我变得芬芳扑鼻。我是一座被钉在女王胸前的献祭
> 者，那个女王就是名望女神。[80]

给我们的读者一句告别的寄语？

> 梅特涅亲王曾说过，伟大的艺术是永恒的。[81]

79 Janie Samet, "Saint Laurent a choisi la liberté," *Le Figaro*, September 15, 1994.

80 Giesbert and Samet, "Yves Saint Laurent: Je suis né avec une dépression nerveuse…"

81 Saint Laurent, *Yves Saint Laurent*, 24.

Yves Saint Laurent

亚历山大 · 麦昆肖像

11

ALEXANDER MCQUEEN

亚历山大·麦昆

亚历山大·麦昆，看来你是甩不掉"时尚流氓"的标签了。

无论走到哪里都这样！早在学生时期，我们就都被贴上了标签。我们都是"圣马丁学生"或者"加利亚诺派"。我讨厌被分类，被拿去跟别人比较。[1] 我不喜欢被贴上标签。总而言之，你是一个独立的人。[2] 我不是一个劣童，或者其他的什么——都是一些蠢话……我根本不是那样的，我只是有时候表现出那种样子。[3]

1 Pascale Renaux, "Face à face: Apocalypse Now!" *Numéro*, December 2000/January 2001, 39.

2 Bridget Foley, "The Alexander Method," *WWD*, August 31, 1999.

3 Foley, "The Alexander Method."

在这么多年之后，这依然困扰着你吗？还是说你已经习惯了？

好笑的是，记者们一直把我描写为一个坏男孩，即使我早就过了能被称为男孩的岁数了。他们写的，都是些媒体的套话罢了。我想高缇耶（Gaultier）一定也会觉得很可笑，三十年来他一直被称为"时尚顽童"。我想那些对我的误解可能来自早期的一些采访。我不是那种善于表达的人，在职业生涯的早期更是不善言谈。这是因为我的出身。我生长在一个非语言交际的环境中。所以在关于我的报道里，所引用的我的话经常都是错误的。我也不爱多作解释。所以在发布会结束以后，我也不会留在秀场后台，等着跟记者们阐述设计的灵感。我的指导原则是，我的作品自己会表达。[4]

在人们的印象中，可以说，你是一个冲动的人。那么你是吗？

我还记得在一场发布会之后，一个意大利记者问我为什么这么有侵略性。我说："滚蛋！你能看见我们生活的这个世界是什么样的吗？我们身边都发生着什么？如果说我有侵略性，那是因为事实如此。在某个瞬间我的精神状态就是这样的。这可不是装装样子。就这样。"[5]

时装设计师从来都不是一个轻松的职业选择。现在依然是这样吗？

这可不是一朝一夕的事情。从 16 岁入行开始，我的风格现在还在演变。我迟早会找到灵感，让变化来得更快。[6]

4 Marie-Pierre Lannelongue, "Save McQueen," *Elle*, February 12, 2007, 71–72.

5 Renaux, "Face à face: Apocalypse now!" 43.

6 Mark C. O'Flaherty, "Alexander McQueen," *The Pink Paper*, May 12, 1994, markcoflaherty. wordpress.com/tag/ alexander-mcqueens- first-interview.

你为什么会选择成为设计师?

> 我做设计师是为了汲取新的灵感。我认为设计一些已经被设
> 计了两千万次的东西毫无意义。[7] 我选择这份工作,是因为
> 我只会做这份工作。有点悲哀。[8] 这是一个不相信付出,只
> 相信回报的产业。[9]

如果可以的话,你想从事什么别的工作吗?

> 我一直想做个建筑师,但我不够聪明。我做不来数学。[10]

**20 世纪 90 年代,一时之间有很多英国设计师来到巴黎工作。作为
其中的先驱人物,你认为这股浪潮是如何形成的?**

> 英国时尚以先锋而著称,而这是巴黎所需要的。在全球范围
> 内,英国的时尚产业是最盛产设计师的。自古以来都是这样。
> 查尔斯·沃斯是英国人,他也是第一个在巴黎开设时装沙龙
> 的设计师。[11] 我还认为,让我们英国设计师广受欢迎的另一
> 个原因是,我们有保持独立性的骨气。[12]

**你经常被和另一个英国人相提并论——约翰·加利亚诺。你们两人
的风格最主要的区别在哪里?**

> 约翰浪漫得没救了,而我则现实得没救了,不过这个世界需
> 要我们两个。[13]

7 Dana Thomas, "The King of Shock," *Newsweek*, March 17, 1997, 44.

8 Tim Blanks, "The Tragedy of McQueen," *Vogue* (UK), May 2010, 166.

9 Tim Blanks, "Long Live McQueen," *ES Fashion*, September 2004, 100.

10 Blanks, "The Tragedy of McQueen," 170.

11 James Fallon, "McQueen: He'll Do It His Way," *WWD*, October 15, 1996.

12 Renaux, "Face à face: Apocalypse now!" 40.

13 Foley, "The Alexander Method."

有一段时间，你驻扎在巴黎，同时还要在纽约举办发布会。这两个城市除了都是时尚界不可或缺的重镇之外，还有什么相似之处？

　　纽约的城市形象非常轻浮，但那里的时装却相当保守。我觉得给纽约时装周带去一点小小的刺激挺好的；之前有太多关于纽约时装周的非议了，因为出席的名人……[14] 我一直没能适应巴黎。我没法适应那种巨星的生活方式，我做不到。我想，我已经厌倦了社交。我跟约翰（加利亚诺）一起吃过晚饭，也跟麦当娜吃过。但那并不是我的世界。我们没法在其中如鱼得水。[15]

时装设计师可以被称为艺术家吗？

　　我是一个手艺人。[16] 我不是个艺术家。我在贩卖自己的服务。[17]

好的，另一个有点绕的问题：你相信时尚本身就是一种艺术形式吗？

　　我不这么认为。但我喜欢打破这二者之间的界限。这并不是某种思维方式；当时我满脑子想的都是这个。[18] 你得投入自己的思考，当然，你也得有能力把想法实现出来。光靠便条本可没法做出衣服来。时尚是一种折中主义。它来自德加、莫奈，也来自我住在达格南的嫂子。[19]

显然，你一直很乐于把商业性和设计结合起来。

　　我认为"商业性"这个词被蒙上了一层污名，我可不觉得这是个贬义词。商业性能让你获得动力。我一直是个商人，只是做生意的方式跟大多数人不同而已。[20] 我喜欢打扮人这件

14 Jessica Kerwin, "London's 'Wild Child' Visits New York," *WWD*, September 13, 1999.

15 Foley, "The Alexander Method."

16 Lannelongue, "Save McQueen," 76.

17 Cécile Sepulchre, "Alexander McQueen veut que les femmes aient 'l'air invincible'," *Journal du Textile*, March 10, 1997, 47.

18 "David Bowie vs Alexander McQueen," *Dazed & Confused*. Issue 26, November 1996.

19 O'Flaherty, "Alexander McQueen."

20 Foley, "The Alexander Method."

事。我曾经根本不在乎人们是不是买我的衣服，但我现在有点在乎了。我不把这个称为商业性；只能说，我做这份工作，是因为我希望人们会穿我的衣服。[21]

你的顾客扮演着什么样的角色？你在设计的时候会想到他们吗？

当我在设计一条裙子的时候，我会试着强迫自己不要太夸张，因为我总是希望我的顾客们能理解我在做什么。就算在发布会上我有整整 30 分钟可以清楚地表达自己，我也不会忘记那些衣服最终是要用来卖的。如果我的顾客搞不懂我在做什么，那我就是在浪费时间。[22]

时尚圈跟金钱的关系太紧密了，这会困扰你吗？

时尚圈是一个完全不同的世界，在这里，我的一条裙子可以标价 12.5 万英镑。这就好比说，嘿，这他妈跟一座苏格兰古堡一样高贵。[23]

我做这些不是为了钱，所以我并不喜欢这种态度。你知道我觉得这像什么吗？这让我感觉像《七宗罪》（Seven）这部电影。还记得他（布拉德·皮特）在车后座发怒的那一幕吗？我对那些钱，对那些热衷于追名逐利的人，也是一样的愤怒。追名逐利一点也不时髦。媒体上那些追名逐利的蠢猪。他们让我恶心。体统。不成体统。[24]

你来自工人阶级的家庭，这影响了你对钱的看法吗？

现在我有足够维生的钱了，如果我对时尚圈厌倦了，就会退

21 Susannah Frankel, "The Real McQueen," *Harper's Bazaar*, April 1, 2007.

22 Sepulchre, "Alexander McQueen veut-que les femmes aient 'l'air invincible'," 48.

23 Simon Gage, "Alexander McQueen," *Arena*, December 2000, 100.

24 Kate Betts, "McCabre McQueen" *Vogue*, October 1997, 385.

出。我从来不是个物质的人，所以我很难理解那些人，他们要那么多钱干什么？我一直觉得自己会在贫困中死去。我在狗屎中出生，也会在狗屎中死掉。[25]

时装的矛盾之处是什么？

时装不应该以商业为出发点。不应该做太多的广告。这让我不舒服，感觉很怪异。时装现在已经成为一门生意，而它的本质完全不应该是这样的。说起来既可笑又可悲，时装已经失去了其存在的理由，那就是庄严感。这种庄严感现在已经变异成了商业主义和广告。它失去了本意。[26]

因此对你来说，设计出一条具有庄严感的裙子，一条可以彰显穿着者的女性之美的裙子，是一件很重要的事情吗？

在真正设计出来之前，我不知道一条具有庄严感的裙子应该是什么样的。该怎么形容呢？一切都是自然而然发生的。突然之间，灵感就出现了。我曾经尝试过用纯金做裙子，但没能成功。不过就算用稻草，或者其他什么最基本的面料，都可以实现这种庄严感。毫无疑问，你肯定可以在时装里看到这种庄严感。重要的是不要在追求目标的过程中迷失。[27]

是的，因为你希望自己的作品是实穿的，并且畅销。

现在时装已经被当作一时的流行，但我还是希望自己的设计可以畅销。实际上在 20 世纪 40 和 50 年代，时装的目标客户都是普通大众，我希望能够回到当时的这种状态。我希望

25 Gage, "Alexander McQueen," 98.

26 Virginie Luc, "Alexander McQueen: Le temps est un tueur," *Vogue* (France), October 2010, 288.

27 Luc, "Alexander McQueen: Le temps est un tueur."

母亲们和她们的女儿都穿我的衣服。[28]

是的，但是 20 世纪 50 年代以来，顾客群已经发生了很大的变化。

我相信经历和发展会让人变得更好。经历永远不嫌多。我做
的每件事背后都有一段学习的过程；而这让我得以进步。但
我们不能任由事情按照它自身的节奏发展。时尚已经发展得
比光速还快了。当我们谈及事物的发展，指的是让时间来证
明一切。过去，设计师每年只发布很少的时装系列，在不同
的系列里，设计上的变化也很少。比方说，他们可能只是改
变一下衣袖的设计。而现在，我可能要在两天之内创造出全
新的概念。大众希望在更短的时间里看见更多的设计，而没
有意识到这正在杀死时尚本身。我们再也不能像 18 世纪或者
20 世纪时那样从容地过渡，就像慢慢地在孕育一场革命。一
切都太快了。让人精疲力竭，心生恐惧。时间让人们得了神
经病。[29]

你会如何形容自己的设计？

我的设计里总有一种不祥的意味，这跟我的个人经历有
关——这就是我的一部分。这是我的个人风格。我认为这其
中有很多浪漫的元素，也有忧伤。这是悲伤的，但悲伤中又
不乏浪漫。我认为自己是个忧伤的人。[30] 我这个人，以及我
的设计，看起来可能是悲伤的，但并不苦涩。我对生命中发
生的一切都充满感恩。[31]

28 Fallon, "McQueen:
   He'll Do It His Way."

29 Luc, "Alexander
   McQueen: Le temps
   est un tueur."

30 Sarah Mower,
   "McQueen, The
   Showman," Style.
   com, February 13,
   2010.

31 Blanks, "The Tragedy
   of McQueen," 166.

你的设计在多大程度上反映了你的生活？

有时候我可以让你从中看到我的经历。就相当于自传，我的设计都多多少少带一点自传的性质。这是不可避免的；否则设计就毫无灵魂可言……能从中看出你的出身，这是件好事。这就是你之所以成为今天的你。就像 DNA，存在于你的血液里。[32]

你的祖先不是英国人。

不，他们是法国胡格诺派教徒，在法国宗教战争期间逃到了海峡的另一头。[33] 我也有苏格兰血统，苏格兰的意思是"女王的亲戚"。小时候，我在学校里被人们称为奎妮 [1]。[34]

这很讽刺，因为你公开反对君主政体。

我是反保皇党。我不信任王室。我不相信他们是在为国家服务；我也不相信花在他们身上那么多钱是值得的。[35] 我不相信社会阶层。我们为什么要花掉纳税人的钱,用来保留王室？我只相信我们可以创造自己的命运。一个穷人可以通过努力工作获得改变。[36] 法国大革命试图打破等级制度，但结果呢，我们看到了一个比过去更加势利的社会。在这个过程中，人性的本质一览无遗。[37]

不过在 2003 年，你从女王手里获得了一枚大英帝国司令勋章。

我其实不是很理解他们为什么给我这个……当天我戴着一顶

---

[1]　原文为 Queenie，指"女王""王后"。——译者注

32 Godfrey Deeny, "Alexander McQueen: The Final Interview," *Harper's Bazaar*, March 8, 2010.

33 François Baudot, "Je ne suis pas agressif, je suis a pussy cat," *Elle* (France), March 9, 1998, 165.

34 Anne Boulay, "Reine de coeur," *Vogue* (France), October 2005, 230.

35 Gage, "Alexander McQueen," 98.

36 Sepulchre, "Alexander McQueen veut que les femmes aient 'l'air invincible'," 47.

37 Sepulchre, "Alexander McQueen veut que les femmes aient 'l'air invincible'," 47.

该死的插了根羽毛的帽子，一顶半旧的苏格兰无边帽，还有点宿醉。前一天整晚我都在安娜贝尔会所^[2]和克拉里奇酒店^[3]；我实在是很累。我妈妈开着一辆宾利送我去的。那天很有趣，但也很值得。我妈妈喜欢这个勋章。[38]

你曾经跟自己保证，不会正视女王的眼睛。但最后你还是投降了。

是的。我们的眼神撞在了一起，然后她开始大笑，我也开始大笑……我们相对大笑的这一刻被拍了下来。她问了个问题，"你做时装设计师几年了？"然后我说，"也没几年，陛下。"我脑子不是很清楚——因为我几乎一夜没睡。我实在太累了。然后我看着她的眼睛，就像在舞池里看见房间另一头的一个人，然后心里感叹，"哇哦"。当我看着她的眼睛，很明显她也在忍受自己生活中的破事儿。我为她感到难过。在此之前我说过她很多坏话……但是那一刻，我开始同情她。所以我是怀着谦逊的心情回家的。[39]

你一直在自己的设计中使用她的形象，这也许是一种象征。

我所有的系列中都有女王的形象——尤其是去年夏天那个系列（2005 年春夏系列），里面有一个象棋盘，上面有拟人化的白皇后和黑皇后。[40]

---

[2]　伦敦著名夜店。——译者注
[3]　伦敦著名酒店。——译者注

38 Mower, "McQueen, The Showman."

39 Joyce McQueen, "Alexander McQueen Interviewed . . . By His Mum," *The Guardian*, April 20, 2004, theguardian.com/culture/2004/apr/20/guesteditors.

40 Boulay, "Reine de coeur," 230.

你来自一个大家庭。

我是家里六个小孩中最小的那个，小时候跟我的三个姐姐尤其亲密。我觉得自己陪伴她们度过了作为女人生命中所有积极和消极的时刻。她们都很保护我。女性代表着人性中冷静的那一面。[41] 我讨厌把女性形容为脆弱或者天真的说法。我希望赋予女性力量。[42] 我见证了母亲照顾我们是多么辛苦。我尊重女性坚韧的天性，也希望让她们更有力量。[43]

你小时候是什么样的孩子？听话的，还是调皮捣蛋的？

他们曾称我为"公牛"，因为我总是会一头扎进某件事情里，即使我不是很有信心办好。小时候我有一些迷茫。我并不是很暴力，但却是十足的精力充沛。当我想起了什么事情，我就会立刻跳起来去做这件事。我最爱的是橄榄球。我喜欢被对方球员擒抱！我总是担任前锋；我喜欢这项运动的野蛮气质。[44]

有一个非常有意思的细节，你也加入了花样游泳队。

我是 40 个孩子中唯一的男孩。我妈妈觉得很丢脸，她简直都不能看我表演。我必须穿一条草裙转圈圈。[45]

你会定期看望父母吗？

现在我跟爸爸妈妈的关系还是很密切……这挺不容易的……你看看他们的出身。他们都成长于第二次世界大战期间东伦敦一个叫斯特普尼的地区。我父亲小时候一直被他的父母殴

41 Boulay, "Reine de coeur," 230.

42 Betts, "McCabre McQueen," 435.

43 Thomas, "The King of Shock," 44.

44 Philippe Trétiak, "Alexander McQueen un hooligan chez Givenchy," *Elle* (France), "Il" supplement, April 21, 1997, 52.

45 Foley, "The Alexander Method."

打；我的奶奶是个酒鬼。他的其他兄弟姐妹也一直被打，要知道，他们家里足足有 12 个小孩。你知道的，在战争期间喂饱 12 个小孩可不容易。[46]

在这样的环境里追求艺术也是很不容易的。

在伦敦的一个工薪阶层家庭，你有义务带食物回家，而追求艺术生涯则被看作不切实际。但我坚决反对这一点……我想，"我不会这么做的。我不会结婚，住进一幢两上两下的房子，当一个该死的出租车司机。"[47] 你知道的，我来自一个非常底层的家庭。我的父亲是一个出租车司机；我有五个兄弟姐妹。刚开始，每个人都很为我的职业选择担忧。工人阶级总是会为家里的儿子们过分操心，他们会说，"找一份普通的工作吧，一份真正的工作。"最后他们终于搞明白了，我是家里的"粉色绵羊"[4]。现在，我已经工作了十多年。我大多数同事也都来自工人阶级的家庭。我们的母亲可以在我们的秀场上坐在最前排。我们照看着彼此。我喜欢这种感觉。[48]

你是怎么开启自己的职业生涯的？

我在萨维尔街接受了训练，那里的手工作坊里有全英国最好的裁缝。我从 16 岁就开始在那里工作了。因此，我才能付得

---

[4]　"黑色绵羊"指一个群体中的离经叛道者，而"粉色绵羊"的意思是麦昆不仅是家里的离经叛道者，还是一个同性恋者。——译者注

46 Foley, "The Alexander Method."

47 Foley, "The Alexander Method."

48 Baudot, "Je ne suis pas agressif, je suis un pussy cat," 170.

起去伦敦圣马丁艺术学院的学费。这也意味着我很懂得如何裁剪一套西装或是一条连衣裙。我是个熟练的手工艺人，一个服装业工匠——而不是个艺术家。[49]

你在圣马丁艺术学院学到了些什么？

如何成为一名时尚受害者，以及如何表现得像一名设计师！不，说正经的——我在那里学会了如何完成一个时装系列，以及建立属于自己的概念。[50] 但是你也知道，如果你足够好，那你在哪里读书就并不重要。[51]

在职业生涯的早期，你设计了臭名昭著的"包屁者"（bumster pant）——超低腰的长裤，穿上以后会露出一些股沟。

这是一种艺术，通过裁剪拉长穿着者的上半身，改变女性的外表。但我把这一点发挥到了极致。模特们看上去相当具有威胁性，因为她们的上半身太长而下半身太短了，腿的长度看起来相当不自然。[52]

你会如何形容自己的工作？

我的工作可以分为几个方面，有些方面是隐藏的，有些方面是显而易见的。不过有一点是不变的：所有穿上我设计的衣服的女人，都是有力的。她们不仅有着对自己的主导权，甚至可以控制周围的人。[53]

对那些身穿你设计的衣服的男人和女人，你希望为他们带来什么样

49 Baudot, "Je ne suis pas agressif, je suis un pussy cat," 170.

50 Paquita Paquin, "Alexander McQueen," *Dépêche Mode*, March 1997, 99.

51 Sepulchre, "Alexander McQueen veut que les femmes aient 'l'air invincible'," 47.

52 Mower, "McQueen, The Showman."

53 Boulay, "Reine de coeur," 230.

"包屁者"，1994 年春夏

的改变？

我试着让他们对自己更加有信心，因为我自己是个很不自信的人。在很多方面，我都很没有安全感，我认为我是通过自己设计的那些衣服来获得自信的。我是个很没有安全感的人。[54]

54 "David Bowie vs
   Alexander McQueen."

1996 年，伯纳德·阿诺特（Bernard Arnault）让你去掌管巴黎的纪梵希时装屋。你还记得第一次跟他见面的情形吗？

他问我，"你对到纪梵希工作感兴趣吗？"我问道，"洗手间在哪里？"然后我去洗手间，坐在那里思考了一会儿。出来以后我就说我感兴趣。[55]

你对他最真实的感受是什么样的？

他既是天使，也是恶魔。他是一个只要他愿意，随时都可以摧毁你的商人。他来找我的时候，我出于对时尚的热爱而答应了他。金钱对我没有什么吸引力——你看过我平时穿得有多普通！然而，当他说他想在我伦敦的公司里持有股份时，我拒绝了。于贝尔·德·纪梵希（Hubert de Givenchy）的前车之鉴对我来说够瞧得了。[56]

你在纪梵希的第一个时装系列，媒体反馈不是很好。

当时我们时间非常紧，这个系列要么大获全胜，要么一败涂地。最后我们失败了。[57]

对于这个结果，你难以接受吗？

所有的负面评价都让我感到非常困扰，特别是我说过的话常常被曲解。就连要主持这个系列也不是我自己的主意。而且我也从来没有说过我打算在短时间内彻底改变一整个时装屋。[58]

55 David Kamp, "London Swings! Again!" *Vanity Fair*, March 1997.

56 Janie Samet, "Chez Givenchy: God Save Mac Queen," *Le Figaro*, January 16, 1997.

57 Betts, "McCabre McQueen," 385.

58 Sepulchre, "Alexander McQueen veut que les femmes aient 'l'air invincible'," 47.

根据某些报道，你说过一些对这家德高望重的企业非常不友好的话。

有很多被安在我名下的话都不是我说的。我不想冒犯那位雇用了我的先生[5]，也不想对那位我根本不认识的先生[6]不恭不敬。问题是，跟他们相比，我来自另一个时代，20 世纪 50 年代的时候我根本还没有出生。我说我不能理解 20 世纪 60 年代对于女性气质的阐释，这应该算不上无礼。[59]

你愿意和我们分享你对时装编辑们的看法吗？

很悲哀，没几个时装编辑真正懂得时装。[60]这些人可以成就你，也可以毁掉你，而他们对你的喜爱转瞬即逝。也许那时候每个人都在谈论我，但他们也能轻易杀死我。[61]

最初你是如何理解纪梵希的？

性感，巴黎风情——这正是巴黎时尚圈所缺少的。不迷恋过去，也不满足于重复自己。[62]纪梵希先生最初以干净的剪裁出名，这一来是在 Schiaparelli 那段工作经历的熏陶，二来是受到巴伦西亚加的影响。我也很希望能重现那种精致而实穿的设计风格……在高级定制和成衣中放进更多日装。[63]

你给大家的第一印象是？

在提高一家原本给人们留下的唯一印象是奥黛丽·赫本的公司的认知度方面，我做得应该还不错……我们都需要为一个

---

[5]   指伯纳德·阿诺特。——译者注
[6]   指于贝尔·德·纪梵希。——译者注

59 Sepulchre, "Alexander McQueen veut que les femmes aient 'l'air invincible'," 47.

60 Betts, "McCabre McQueen," 384.

61 O'Flaherty, "Alexander McQueen."

62 Samet, "Chez Givenchy: God Save Mac Queen."

63 Fallon, "McQueen: He'll Do It His Way."

目标而努力，并且先得明白这个目标是什么。我们需要建立一个统一的视觉形象，从服装到广告再到店铺。我尽了自己最大的努力。[64]

有传言说你本打算在合约到期前就离开公司。这是真的吗？

没错，我是打算离开的。[65] 他们说，"不，我们不能让你走。"我说，"这样的话，你们就得放手让我干自己的活。"我会为这间时装屋效力，合约到期前都不会走，但从现在开始我要掌控这里。否则他们会看到有史以来最糟糕的一年。[66]

你应该听说过这句谚语，"厨子多了做坏了汤"。[67] 我现在还是不明白他们为什么见鬼了的把我招了进来。[68] 基本上来说，这些大公司都不会把你当成一个人来关照。对他们来说，你只是一件商品、一件产品，而你的质量取决于你最新一季的设计。[69]

所以当你决定继续在那里工作下去的时候，你是怎么想的？

纪梵希可以让我赚钱养活自己的公司。在那里工作无法实现我的理念，而我不会把那一套带回麦昆。麦昆是属于我个人的项目。没有人有权力干涉我做什么。[70]

你在纪梵希的工作和你为自己品牌创作的设计之间最主要的区别是什么？

总而言之，我在纪梵希做的事情和我在麦昆做的简直相差了两亿光年。一个在伦敦，一个在巴黎。这是两套完全不同的

64 Bridget Foleyn, "King McQueen," W magazine, September 1999, 458.

65 Avril Mair, "McQueen Meets Knight," I-D, July 2000, 89.

66 Gage, "Alexander McQueen," 96.

67 Gage, "Alexander McQueen," 96.

68 Mair, "McQueen Meets Knight," 89.

69 Miles Socha, "McQueen's Future: Will He Say Adieu to House Givenchy?" WWD, September 13, 2000.

70 Renaux, "Face à face: Apocalypse now!" 40.

审美体系，同时兼顾这两家简直他妈的太难了。麦昆体现的是我们当下的时代，而纪梵希关注的是魅力。他们可不是雇我去设计"包屁者"的！ [71]

如果有人指望（在纪梵希）看到麦昆的风格，那就是在犯傻了：我带给他们的是高级时装，奢侈而梦幻的那种。想看挨饿的埃塞俄比亚人身穿夹克的人，来伦敦的麦昆；如果你想要的是奢华，那就去纪梵希。我是个时尚圈的精神分裂症患者。 [72]

2001 年，法国 PPR 集团 [7] 提出要注资你的品牌。

当你成立了自己的同名时装品牌，你就成了商人。我之所以选择与 PPR 集团合作，是出于以下几个方面的原因：它们有工厂给葆蝶家（Bottega Veneta）生产包袋，也有工厂给塞乔·罗西（Sergio Rossi）生产鞋履——你基本上找不出更好的工厂了。尽管我成了集团的一部分，但这是一个管理结构相当完善的集团，我还是可以独立作出选择。 [73]

在设计中平衡创意和商业性有多难？

我认为我在管理自己的品牌时通常非常明智。 [74] 我的想法看上去很疯狂，但隐藏其后的是对商业的思考。 [75]

---

[7] 现已更名为开云（Kering）集团。——译者注

71 Plum Sykes, "Couture Kid," *Vogue* (UK), April 1997, 164.

72 Sykes, "Couture Kid," 234.

73 Lannelongue, "Save McQueen," 76.

74 Socha, "McQueen's Future: Will He Say Adieu to House Givenchy?"

75 "Alexander McQueen, A True Master" *WWD*, February 12, 2010, 7.

今时今日，时装意味着什么？

现在它已经成了某种剪裁的同义词。这是一种服装原教旨主义。这其中最让我感兴趣的是它的结构。其他的部分都可以微调；那些都只是细节问题。毫无疑问，做出一件剪裁精良的夹克衫，比做出一件缀满蝴蝶结的衣服要难得多。对我来说，最奢侈的事情就是用尽可能高的质量去实现自己的灵感。现在人们都忙于解构时装，但在此之前，你得知道时装是如何建构的。否则，你所做的一切都毫无意义。[76] 时装，并不是一件绣满了花、看上去像有人呕吐在上面的夹克衫。[77] 现在法国时装缺少的是法式时髦。这意味着性别特征、魅力、女性气质、潇洒的做派以及诱惑力，我亲爱的。这关乎丰满的臀部曲线，美丽浑圆的胸部。如果你没有胸部曲线，那我会帮你塑造出来。[78]

人们常常听到这样的说法，巴黎不再是时尚界的一部分了。你同意这种说法吗？

巴黎曾是世界的时尚之都，这个城市也一直以此为荣。巴黎需要直面现在的困境。但它并没有真的失去这种荣誉。无论人们怎么想或者怎么说，巴黎都很善于自我营销。我觉得巴黎时装不大可能就此消失。[79]

你跟手工作坊里面那些被法国人称为"小手"的男男女女关系怎么样？

我爱死他们了。我对他们的工作、经验和知识都抱有最大

76 Baudot, "Je ne suis pas agressif, je suis un pussy cat," 170.

77 François Reynaert, "Givenchy le terrible," *Le Nouvel Observateur*, January 30, 1997.

78 Sykes, "Couture Kid," 164.

79 Sepulchre, "Alexander McQueen veut que les femmes aient 'l'air invincible'," 49.

的敬意。这是我们最需要保护、利用和发掘的……这比那些过时的时装风格更有价值。[80] 我自己就出身于一家手工作坊，因此我知道当你要求工人们机械劳动时，他们会变得非常有攻击性。如果不能善加利用他们的创造力，这太可惜了。[81] 你得跟你的工作伙伴们建立起互相信任的关系。任何的成功都不是我个人单打独斗取得的。我们之所以能取得成功，顺利完成每一季的设计，是因为我们都做好了自己的分内事。[82]

你在纪梵希工作期间，与巴黎时尚界一些最有天赋的手工艺匠人合作过。

在此之前，我从来没有跟里萨奇（Lesage）刺绣工坊或拉梅尔（Lemarié）的羽毛艺术家合作过。我花了一些时间，去了解这些工匠是如何工作的，他们的局限又在哪里。只有更好地了解他们，我才能从中取得进步。[83]

你最容易受到什么的影响？

我受到的影响大多来自我自己的想象，而不是其他什么更具象的东西。这种影响通常都很直接，像我希望展现性的方式，或我希望人们展现性的方式，或我希望人们如何表现，或想象如果某个人是某个样子的，那会发生什么……有点像潜意识，或邪恶的念头。[84]

80 Baudot, "Je ne suis pas agressif, je suis un pussy cat," 170.

81 Sepulchre, "Alexander McQueen veut que les femmes aient 'l'air invincible'," 47.

82 Frankel, "The Real McQueen."

83 Paquin, "Alexander McQueen," 98.

84 "David Bowie vs Alexander McQueen."

你曾经说过，萨德侯爵 [8] **对你的想法影响很大。**

萨德侯爵确实对我影响很大，我认为他是一位伟大的哲学家，也是那个时代的伟人，但人们却只看到了他情色的一面（笑）。我觉得他最有影响力的地方在于，他能给人们带来灵感。这有点让我意外。[85]

对你的时装系列来说，除了设计和市场营销之外，最重要的时刻就是时装发布会，而这对你来说也意义重大。

我喜欢让人们受到震撼。时装发布会关乎某种氛围。就像是被困在一场 20 分钟的梦境。

我喜欢根据时间和地点来设计秀场。我们打破常规，不去请时装发布会制作公司的专业人士。我找到了之前做流行音乐录影带的萨姆·盖恩斯伯里（Sam Gainsbury）。他让秀场更有电影感。[86] 我还会在发布会上采用人们通常希望掩盖起来的元素——战争、种族、性——然后强迫他们去直面现实。[87] 我曾经希望震撼我的观众，以此来激发他们某种强烈的情感反应，但现在我只是为了自己而办秀。发布会通常都是我当时当地心境和人生阶段的反映。[88] 在我的秀场里，你总能感觉到——那种能量、氛围和激情——就像在一场摇滚音乐会上感觉到的那些东西。[89] 时尚应该像是一场空想，而不是思想的禁锢。[90]

---

　　[8]　　萨德侯爵（Marquis de Sade）：1740—1814，法国著名情色作家，代表作《索多玛一百二十天》。——译者注

85 "David Bowie vs Alexander McQueen."

86 Mower, "McQueen, The Showman."

87 Véronique Lorelle, "Alexander McQueen," *Le Monde*, February 13, 2010.

88 Frankel, "The Real McQueen."

89 Hamish Bowles, "Avant-garde Designer of the Year Alexander McQueen," *Vogue*, December 1999, 154.

90 Miles Socha, "The Great Escape," *WWD*, April 13, 2009, 62.

你觉得你的时装秀可以被形容为一场情感的旅程吗？

我喜欢丰沛的情感。我一点也不反对人们在我的发布会上哭出来。我试着推动时尚的边界。我会去想象亚马孙丛林里的女人——独立的、部落里的女人。这跟想象文明社会里的人不同，现在的人太受外界的局限和控制了。[91]

有没有一场秀让你难以忘怀？

是我最好的那场秀（1999 年春夏），莎洛姆·哈洛（Shalom Harlow）出场的那一瞬间！这是艺术、手工艺和科技的完美结合——人类与机器以一种古怪的方式结合在一起。我还记得跟凯蒂·英格兰（Katy England）在发布会开始之前做的测试。那天我们买了上百万英镑的保险——太蠢了！我们从意大利菲亚特弄来了那台喷涂汽车的机器。现在他们在电视广告里也用上了这一招，对吧？你可以在很多广告里看到我秀场上用过的创意。我把这当成一种赞扬。[92]

还有那场主题为"精神病院"的发布会（2011 年春夏），看秀的记者们围着一只巨大的珀思配克斯（Perspex）有机玻璃箱子坐着，玻璃上反射出他们的影子，直到秀开场时箱子从内部被点亮。

哈！我特别喜欢那一幕。我从监控探头里看见每个人都努力不去看自己的倒影。这么做在时尚界可太了不起了——像是一种以牙还牙！天哪，我真是做了不少怪人秀。[93]

比起广告大片，你更喜欢用戏剧化的时装发布会来吸引大众的

91 Lannelongue, "Save McQueen," 72–74.

92 Mower, "McQueen, The Showman."

93 Mower, "McQueen, The Showman."

关注。

我不喜欢广告大片，因为我喜欢卡蒂埃·布列松（Gartier Bresson）所说的摄影中的"决定性瞬间"；我不是很确定能不能靠另一个摄影师获得这样的"决定性瞬间"，所以把钱花在这种不一定能让我满意的事情上有什么意义呢？此外，秀场就像是承载我所有幻想的容器，我认为能通过发布会来完整地表达自己。2006 年那场秀结尾时的凯特·摩丝（Kate Moss）全息影像，我花了好几年才设计好。这算得上是一项伟大的技术成就……总之，通过制造这些能激发出强烈情感的瞬间，我获得的媒体报道要比常规的广告大片要多得多。[94]

你喜欢什么样的设计师？

我尊重的人，像马丁·马吉拉（Martin Margiela）和川久保玲（Rei

94 Lannelongue, "Save McQueen," 72.

"犰狳"靴（"armadillo" boots），2010 年春夏

Kawakubo），他们都能把一件衣服裁开，然后重新缝制出一件。就算这件衣服跟原来那件完全不一样，但依然能体现出精湛的技艺和优雅的风格。这就是他们最大的与众不同之处。[95] 现在我们追求的是比川久保玲更先锋的风格。你没有别的选择。[96]

那法国设计师呢？

呃，当然，我非常欣赏伊夫·圣·罗兰先生。当年我们还在读书时，他就是最佳的效仿对象。我相信他年轻时（的做派）就跟我们一样。但可以理解，事情是会变的……我选择无视他对我的评价。[97]

当代时装设计师扮演着怎样的角色？

你不能靠时装设计师来预言未来社会是什么样的，你知道，归根结底这只是些衣服，没有办法真的改变些什么。[98]

最近人们谈论更多的是时装品牌，而不再是设计师了。你知道是什么害死了时尚吗？那些操蛋的 LOGO，它们把一切搞成了广告。[99]

时尚应该带有挑衅性吗？

当然。这就是目的所在。时尚应该在人群中引起反响；这就是我努力的目标。比方说，当你为一次面试而着装打扮，你总是希望能看上去尽量优秀。当你希望获得别人的情感反馈时，人们将会用一种完全不同的方式来看待你。[100]

95 Baudot, "Je ne suis pas agressif, je suis un pussy cat," 170.

96 Cathy Horyn, "General Lee," *New York Times Style Magazine*, September 26, 2009, 67.

97 Baudot, "Je ne suis pas agressif, je suis un pussy cat," 169.

98 "David Bowie vs Alexander McQueen."

99 Blanks, "Long Live McQueen," 98.

100 Paquin, "Alexander McQueen," 99.

一直都要追求新鲜事物，是一种什么样的感觉？

并不存在什么新鲜事物，即使是在最具有当代性的设计里。如果你仔细观察，就会发现我们跟古埃及时代做的杯子相比，我们（的设计）并没有进步多少。太阳底下无新事。材质一直在演进，织物也起了变化……但是，即使具体命题有所不同，一切都归属于同一个整体。我们所做的，就是用织物来改变人类的身体。在这永无止境的轮回中，我能做到的只有我自身的演进。但是人永远逃不出过去。我们的所作所为都只不过是历史的回响，这一点很关键——特别是现在，生活节奏越来越快。科技的发展已经压倒了人性。或者说，人性现在必须超越科技的发展。时装的剪裁应该带有人类的情感。这样我们才能与历史、与过去联结起来。[101] 我天性中的敏感，让我沉浸于对生与死、欢乐与忧伤、善良与险恶的思考。但实际上，这些都是一回事。它们都来自生活，来自体验。当我欣赏提香（Titian）和卡拉瓦乔（Garavaggio）的画作时，我的感受与他们是一样的。我从我收藏的其他艺术作品中也能获得同样的感受，像是萨姆·泰勒-伍德（Sam Taylor-Wood）、乔-彼得·威金（Joel-Peter Witkin）和安德烈斯·塞拉诺（Andres Serrano）。[102]

能介绍一下你创作的过程吗？

我必须诚实地面对自己，如果创作的过程有点跑偏，（最终的设计）跟原来的初稿不一样，我必须勇敢地承担风险，坚持自己的创作。[103]

101 Luc, "Alexander McQueen: Le temps est un tueur," 288.

102 Pascale Renaux, "Angel heart," *Numéro*, December 2007/January 2008, 222.

103 Isaac Lock, "Fashion in Flight," *Dazed & Confused*, November 2009, 121.

这一切是如何水到渠成的?

我通常会从印花图案和比例开始着手。[104] 剪裁则是一切的根本和重中之重,而且我个人也认为剪裁是一件富有魅力的、性感的事情。[105] 面料也相当重要,因此我总是留到最后一步再做定夺。[106]

在这个竞争越来越激烈的行业中,时间就像是你的敌人。你是如何获得不断进取的动力的?

时间更像是原材料。然而,我说的是那些属于我个人的、带有感情色彩的时间。我设计的衣服与季节的关系不大,而是更关乎我所生活的时代,我生活的当下。我所有的设计都来自在某个特定的时刻之下,我个人的情感和感受。季节本身只是个概念,而且跟我们的设计并不同步,比方说我必须在夏天设计"冬款",反过来也一样。对我来说,冬天通常是忧郁的,而夏季则像是忙碌生活中的一段休息,一个暂停……我试着在我的设计中,突出强烈"开心"的时刻。我认为现在时尚应该来一次大解放,并以此来重塑我们的当下。话虽如此,有时候公众的期待和我个人的感受之间是有一些差距的。我想我的"脾气"有时候确实有些怪异,而这也正是因为我自己的情感和我必须在公众面前表现出的样子之间起了冲突。[107]

伊莎贝拉·布罗(Isabella Blow),你的灵感缪斯、挚友和头号赞助人,在 2007 年自杀了。你的 2008 年春夏系列就是向她致敬。

在伊西(Issie)去世前,我的人生已经开始改变了。我开始

104 O'Flaherty,
   "Alexander
   McQueen."

105 Horyn, "General
   Lee," 67.

106 Sepulchre,
   "Alexander
   McQueen veut que
   les femmes aient
   'l'air invincible'," 48.

107 Luc, "Alexander
   McQueen: Le temps
   est un tueur," 288.

问自己一些深刻的问题，像是：我真的不喜欢时尚，也不喜欢圈里的其他人，那我还应该继续这项事业吗？然后，最近，我的想法变了，因为我用百分之百的心血创造出了那个系列——我真的非常用心，甚至亲自打版。奇怪的是，在这个过程中我重新发现了自己真正的兴趣所在。我还意识到，这份工作的本质只是给人们做衣服，而你也并不一定要为此作出商业上的让步。[108]

你享受出名的感觉吗？从某种意义上来说，出名是不是对你过去的一种报复？

我一直是那种无人问津的"壁花"，通常在这种情况下我喜欢静静旁观。但突然之间，所有人的目光都聚集在你身上，这实在是太他妈糟心了。我不喜欢这种感觉。这让我吓得够呛。我现在还能想起那种感觉，成名之后的惶恐和焦虑。想到这里，我现在还毛骨悚然。[109] 我是个时装设计师，不是什么电影明星或者流行歌手。现在那些名人的问题在于，个人生活都被扒了个底朝天：你得展示你的"生活方式"。我不喜欢这么做。我关注的唯一的问题就是：如何在获得商业成功的同时，还能诚实地做自己。我走自己的路，享受属于自己的美好时光。我根本不指望在所有的超市里都能看到自己的设计。[110]

如果你可以邀请一位著名的历史人物共进晚餐，你会请谁？

拿撒勒的耶稣，因为我想确认他是真实存在的，过去的两千

108 Renaux, "Angel heart," 222.

109 Gage, "Alexander McQueen," 98.

110 Lannelongue, "Save McQueen," 76.

多年里人们诵读的不是《彼得潘》（Peter Pan）那样的童话书而已。如果耶稣不是真实存在的话，那我会请梅尔·吉布森（Mel Gibson）。[111]

有没有哪个历史时期的审美标准特别合你的脾胃？

我在想！15 世纪的荷兰弗兰芒地区。我在艺术史上最爱的一段。那些色彩，他们在描绘生活时的那种情感……在那个时代，在那个地区，他们可以说是非常领先时代了。[112]

你从 16 岁就开始工作了，现在你已经工作了将近 25 年。你现在感觉有什么不同吗？

变得自满了。有时候我觉得自己是这样的……我对时尚其实充满了困惑，以至于我对时尚本身并不感兴趣了。对美的感知来自我们自己的内心深处，这才是工作动力的来源……当我在做一些我认为真正精彩的工作时，我才不在乎人们是怎么想的呢。[113]

你希望自己的设计能够引领一种怎样的生活？你希望后世的人如何评价你的设计？

我对于给后代做设计非常感兴趣。那些买了麦昆衣服的人会把衣服再传给他们的孩子，而这在今天是非常罕见的。[114]

你认为自己被误解了吗？

人们认为具有冒犯性的东西，也许正是我的创作热情的来

111 McQueen, "Alexander McQueen Interviewed... By His Mum."

112 McQueen, "Alexander McQueen Interviewed... By His Mum."

113 Mair, "McQueen Meets Knight," 89.

114 "Alexander McQueen: In his own words" Harpersbazaar.com, February 11, 2010.

源。[115] 我并不会因此受折磨；我可能有点精神分裂。我表达了内心中的矛盾冲突：像是虐恋中所包含的浪漫主义精神。[116] 其实我是个好人。[117]

时尚界里什么最让你烦恼？

那种浅薄最让我受不了……你在艺术、时尚或是音乐方面有才华，并不意味着你就需要对别人粗鲁，或是表现得高人一等。这些恶行总有一天会报应在你身上的。凯特·摩丝最糟糕的一点就在于她那恶心的虚伪。在这个圈子里，每个人的鼻子都会因为撒谎而长很长。从我个人来说，我总是采用非常坦诚的态度。这让我树敌不少。有些人不愿意跟我一起工作，就是因为他们害怕我到处乱说。[118]

在时尚圈充满压力的环境下，毒品是必不可少的吗？

这个工作本身就是毒品，毒品也是这个工作的一部分。时尚算得上是"头号杀手"。你必须掌控一切，从搞到货，到摄入，再到组织一个聚会。[119]

那你自己呢？

是的。我吸毒的。是的。我尝试了一切该尝试的。别跟我说这一行里还有谁没吸过。[120]

什么样的性格缺点最让你恼火？

顽固。[121]

115 Foley, "The Alexander Method."

116 Géraldine de Margerle, "Alexander McQueen (1969–2010)," Les Inrockuptibles, February 17, 2010, 20.

117 Foley, "The Alexander Method."

118 Renaux, "Angel heart," 220.

119 Trétiak, "Alexander McQueen un hooligan chez Givenchy," 52.

120 Gage, "Alexander McQueen," 102.

121 McQueen, "Alexander McQueen Interviewed . . . By His Mum."

你前进的动力来自哪里?

是不安全感让我一直向前。[122] 我最怕自己因为自高自大而遭受失败。这行里很多人都栽在这一点上。到后来,你会听信人们跟你说的那些溢美之词。你开始把这些赞美当成理所应当的事情。到了这时候,一切都开始变糟了。在时尚圈,你不能把任何事情当成是理所应当的。想要保持正确的方向,唯一的方法就是保持不安。恐惧是我最好的朋友。[123]

你对鸟类的热爱是出了名的。为什么鸟类对你来说这么重要?

我喜欢鸟的原因跟列昂纳多·达·芬奇差不多。他希望人类也能飞翔,并用艺术、建筑和科学的形式把这种渴望表达出来。飞翔的鸟类也让我感到惊艳。我热爱鹰和隼。当我看着一片羽毛,我能从它的颜色、纹理、轻盈、构造中得到灵感。这件事情很复杂。实际上,我的作品就是一种让女人们看起来跟鸟类一样美丽的尝试。[124]

你一直往返于伦敦和巴黎之间,现在学会说法语了吗?

我可以用手势表达意思。我有一双灵巧的手。就称我为"金手指"吧。[125]

122 Sykes, "Couture Kid," 164.

123 Baudot, "Je ne suis pas agressif, je suis un pussy cat," 170.

124 Renaux, "Angel Heart," xiv.

125 Samet, "Chez Givenchy: God Save Mac Queen."

时尚是什么？

圆桌讨论

作为全书的结尾，我发起了一场圆桌讨论，请来我们的专业人士一同探讨一个每个人都想问的问题：时尚是什么？

香奈儿小姐，可以从你开始吗？

时尚是什么？你来告诉我。我肯定没有哪个人能光凭自己就给出一份可靠的答案……包括我自己。[1]

那你呢，格蕾夫人？

对我来说，并不存在时尚这回事；我只是创作一些令我觉得愉悦的东西，仅此而已。[2]

那我们的老前辈浪凡女士想发表些什么看法呢？

时装不是一种抽象艺术。[3]

1 Coco Chanel, "La mode, Qu'est que c'est?" On side 2 of sound recording *Coco Chanel Parle*. Hugues Desalle.

2 Chantal Zerbib, "'La femme n'est pas un clown' ou la mode vue par Madame Grès," *Lire*, May 1984, 84.

3 Jeanne Lanvin, "Le Cinéma influence-t-il la Mode?" *Le Figaro Illustré*, February 1933, 78.

圣·罗兰先生，你愿意抽空回答这个问题吗？

我不认为我所从事的是时尚！追随时尚的女人只是想参与盛事——她们想从中发掘些新鲜玩意儿。对我来说，我不参与时尚的"盛典"。[4]

你呢，亚历山大·麦昆？

在很大程度上，时尚不只是衣服。最重要的是让你的灵感变成现实。[5]

夏帕瑞丽女士，你看起来很想说一句。

敢于与众不同。[6]

迪奥先生，你能不能也谈谈你对这个话题的看法？

即使是最无知的人，也能看出在最疯狂的时装系列背后我们所付出的艰苦劳动。巴黎时装的冒险世界不仅仅是一个名利场。它是一项古老文明的体现，而这项文明还将延续下去。[7]时尚，在这个大机器的时代，已经成为人性、人格和个人特质最后的庇护所。[8]

巴尔曼先生，你呢？

潮流很多，但时尚延续不断。[9]

你想说什么，维奥内特女士？

我们纺织业的终极目标，就是创造出既能与身体和谐相处，

4 Hélène de Turckheim, "Saint Laurent dessine son 'été 34' et répond aux questions," *Le Figaro*, October 16, 1973.

5 Philippe Tretiak, "Alexander McQueen un hooligan chez Givenchy," *Elle* (France), "Il" supplement, April 21, 1997.

6 Ormond Gigli, "A Woman Chic," *The Los Angeles Times*, May 8, 1955, K9.

7 Christian Dior, *Christian Dior and I*, trans. Antonia Fraser (New York: Dutton, 1957), 236.

8 Christian Dior, *Talking About Fashion*, trans. Eugenia Sheppard (New York: Putnam, 1954), 55.

9 "À la mode de chez nous," "Une conférence pas comme les autres de Pierre Balmain" (sous l'égide du Cercle Interallié), 1984, manuscript, Centre de Documentation Mode, Musée des Arts Décoratifs, Paris.

又展现出赏心悦目的比例的衣服，创造出美。这就是时尚的

意义！ [10]

波烈，你是我们的"时装之王"，我请你来为我们压轴发言。

相信我，时尚就像下雨或是葡萄根瘤蚜，你得等它自己过

去……你也必须等待它过去。你必须把时尚当作一个有点疯

疯癫癫的旧亲戚。你不应该拿她那些奇怪的想法去为难她，

因为我们都知道她脑子不清楚，而且很快这些都会过去的。[11]

（巴伦西亚加一如既往地没有发表任何评论。）

10 Gaston Derys, "En devisant avec . . . Madeleine Vionnet," Minerva, illustrated supplement to the Journal de Rouen, January 2, 1938, 7.

11 Paul Poiret, "La Mode et la Mort," Les Arts Décoratifs Modernes, 1925, 63.

Ballard, Bettina. *In My Fashion*. New York: Secker & Warburg, 1960.

Beaton, Cecil. *The Glass of Fashion*. New York: Doubleday, 1954.

— *Memoirs of the 40s*. New York: McGraw-Hill Book Company, 1972.

Benaïm, Laurence. *Yves Saint Laurent*. Paris: Éditions Grasset, 2002.

Blum, Dilys. *Shocking ! The Art and Fashion of Schiaparelli*. Philadelphia, PA: Philadelphia Museum of Art, 2003.

Blume, Mary, *The Master of Us All : Balenciaga, His Workrooms, His World*. New York: Farrar, Straus and Giroux, 2013.

Bolton, Andrew. *Alexander McQueen, Savage Beauty*. New York: The Metropolitan Museum of Art, 2011.

Charles-Roux, Edmond. *Chanel and Her World*. New York: Vendome Press, 2005.

Chase, Edna Woolman, and Ilka Chase, *Always in Vogue*. London: Victor Gollancz Ltd., 1954.

Christian Dior, Hommage à Christian Dior 1947–1957. Paris, Musée des Arts de la Mode, 1987.

Dior, Christian. *Talking about Fashion*. Translated by Eugenia Sheppard. New York:Putnam, 1954.

— *Christian Dior and I*. Translated by Antonia Fraser. New York: Dutton, 1957.

— *Conférences écrites par Christian Dior pour la Sorbonne, 1955–1957*. Paris: Éditions du Regard / Institut Français de la Mode, 2003.

Drake, Alicia. *The Beautiful Fall: Lagerfeld, Saint Laurent, and Glorious Excess in 1970s Paris*. New York: Little, Brown and Company, 2006.

Fairchild, John. *The Fashionable Savages*. New York: Doubleday, 1965.

Golbin, Pamela. *Fashion Designers*. New York: Watson-Guptill Publications, 2000.

Golbin, Pamela, ed. *Balenciaga Paris*. London: Thames & Hudson Ltd., 2006.

— *Madeleine Vionnet*. New York: Rizzoli

International Publications, 2009.

Grumbach, Didier. *History of International Fashion*. New York: Interlink Publishing, 2014.

Jeanne Lanvin. Paris: Paris Musées, 2015.

Pochna, Marie-France. *Christian Dior*. Introduction by John Galliano. New York: The Overlook Press, 2009.

Poiret, Paul. *En Habillant l'Epoque*. Paris: Éditions Grasset, 1930.

— *Revenez-y*. Paris: Éditions Gallimard, 1932.

Saint Laurent, Yves. *Yves Saint Laurent*. New York: The Metropolitan Museum of Art, 1983.

Schiaparelli, Elsa. *Shocking Life*. London: J. M. Dent & Sons, 1954.

Snow, Carmel, with Mary Louise Aswell. *The World of Carmel Snow*. New York: McGraw-Hill, 1962.

Vreeland, Diana. *D.V.* Edited by

George Plimpton and Christopher Hemphill. New York: Alfred A. Knopf, 1984.

— "Balenciaga: An Appreciation." In *The World of Balenciaga*. New York: The Metropolitan Museum of Art, 1973.

Warhol, Andy. *The Philosophy of Andy Warhol (From A to B and Back Again)*. New York: Harcourt Books, 1975.

Yves Saint Laurent par Yves Saint Laurent. Paris: Herscher / Musée des Arts de la Mode, 1986.

人物简介

1895 年 1 月 21 日，**克里斯托巴尔·巴伦西亚加**出生于吉塔利亚（西班牙巴斯克郡）；1972 年 3 月 24 日去世于西班牙哈韦阿，享年 74 岁。1937 年，他在巴黎创建了自己的时装屋；1968 年，巴伦西亚加退休，并关闭了时装屋。

1914 年 5 月 18 日，**皮埃尔·巴尔曼**出生于法国圣让德莫里耶讷；1982 年 6 月 29 日去世于巴黎，享年 68 岁。他先在卢西安·勒龙的时装屋里与克里斯蒂安·迪奥共事，随后于 1945 年创建了自己的时装屋。他于 1970 年将时装屋出售，但依然在那里工作，直到去世。

1883 年 8 月 19 日，**加布里埃·博纳尔·香奈儿**出生于法国索米尔；1971 年 1 月 10 日去世于巴黎，享年 88 岁。香奈儿时装屋创建于 1912 年，于 1939 年第二次世界大战前夕关闭。1953 年，70 岁的香奈儿重新开设了自己的时装屋。

1905 年 1 月 21 日，**克里斯蒂安·迪奥**出生于法国格朗维尔；1957 年 10 月 24 日去世于意大利蒙特卡蒂尼，享年 52 岁。1946 年,他在自己职业生涯的晚期创建了时装屋。1955 年，伊夫·圣·罗兰加入迪奥时装屋，并在他去世后成为继承人。

1853 年 2 月 19 日，**雅克·道塞特**出生于巴黎；1929 年去世于塞纳河畔纳伊市，享年 76 岁。他的父母于 1816 年创建了道塞特内衣时装店；在他的领导下，时装屋大获成功，并成为巴黎高级定制时装界的杰出代表之一。保罗·波烈和玛德琳·维奥内特都曾在这里接受训练。

格蕾夫人，原名杰曼妮·艾米莉·克雷布斯（Germaine Émilie Krebs），1903 年 11 月 30 日出生于巴黎；1993 年 11 月 24 日去世，享年 90 岁。她借用阿历克斯这个名字开启了自己的职业生涯，并于 1941 年建立格蕾时装屋。1984 年，时装屋被法国商人贝尔纳·塔皮（Bernard Tapie）收购。

1967 年 1 月 1 日，**珍妮－玛丽·浪凡**出生于巴黎；1946 年 7 月 6 日去世于巴黎，享年 79 岁。1885 年，她开设了自己的同名女帽店，并将其扩张为时装屋，一直工作直至去世。浪凡时装屋是现存没有中断过经营的时装屋中最古老的一家。

1889 年 10 月 11 日，**卢西安·勒龙**出生于巴黎；1958 年 5 月 11 日去世于法国昂格莱，享年 69 岁。他经营着父母创办的时装屋，管理多达 1200 名员工。1948 年，时装屋关闭。他同样也培训过皮埃尔·巴尔曼和克里斯蒂安·迪奥。第二次世界大战纳粹占领巴黎期间，他担任法国高级定制时装协会 (The Chambre Syndicale de la Haute Couture) 主席，并以自己的权威阻止巴黎时装业转移往柏林。

1969 年 3 月 17 日，**亚历山大·麦昆**出生于伦敦；2010 年 2 月 11 日去世于伦敦，自杀于 41 岁。从 1992 年直到去世，麦昆担任自己同名品牌的设计师，推出了共计 36 个时装系列。此外，麦昆在 1996 年 10 月到 2001 年 3 月之间负责为纪梵希时装屋设计高级定制和成衣系列。

1891 年 9 月 5 日，"莫利纽克斯船长"**爱德华·莫利纽克斯**出生于伦敦；1974 年 3 月 23 日去世于蒙特卡罗，享年 83 岁。1919 年，他在巴黎开设了第一家时装屋，并于 1969 年退休。他最著名的一次设计，是 1937 年为沃利斯·辛普森和爱德华王子、温莎公爵的婚礼设计婚纱。

1898 年 5 月 6 日，**保罗·罗伯特·皮埃特**出生于瑞士伊韦尔东；1953 年 2 月 21 日去世于瑞士洛桑，享年 55 岁。1920 年，他开设自己的同名时装屋并在时装界崭露头角；随后他为波烈工作，直到再次成功开始自己的时装屋。他的时装屋于 1951 年关闭。他先后雇用过克里斯蒂安·迪奥和于贝尔·纪梵希。

1879 年 4 月 20 日，**保罗－亨利·波烈**出生于巴黎；1944 年 4 月 30 日去世于巴黎，享年 65 岁。1903 年 9 月，他开设了自己的时装屋，时装屋于 1929 年股票市场行情暴跌引起的经济危机期间关闭。

1936 年 8 月 1 日，**伊夫·马蒂厄－圣·罗兰**出生于阿尔及利亚西北部港市奥兰；2008 年 6 月 1 日去世于巴黎，享年 72 岁。1961 年，他开设了自己的时装屋。2002 年 1 月 7 日，伊夫·圣·罗兰在新闻发布会上宣布退休。

1890 年 9 月 10 日，**艾尔莎·夏帕瑞丽**出生于罗马；1973 年 11 月 13 日去世，享年 83 岁。1927 年她在巴黎创建了自己的时装屋，1954 年由于财务困难关闭。

1876 年 6 月 22 日，**玛丽亚·玛德琳·瓦伦丁·维奥内特**出生于法国希勒尔奥布瓦；1975 年 3 月 2 日去世于巴黎，享年 99 岁。1912 年，她靠自己的力量取得成功。第二次世界大战爆发后，她立刻决定关闭时装屋。

1825 年 10 月 13 日，**查尔斯·弗雷德里克·沃斯**出生于英格兰；1895 年 3 月 1 日去世，享年 70 岁。1857 年，他创建了自己的时装屋。他率先雇用模特展示自己的设计，并发展出季节性时装系列的概念。最重要的是，他把时装设计师打造为明星名流，这一切都影响至今。

作者简介

帕梅拉·戈布林是巴黎装饰艺术博物馆时装与纺织品馆总策展人。她曾策划超过 20 场展览并撰写展览图册，其中包括多位标志性时装设计师的大型回顾展，诸如巴伦西亚加（2006）、玛德琳·维奥内特（2009）、侯赛因·卡拉扬（2011）、路易·威登／马克·雅各布（2012）以及德赖斯·范·诺顿（2013）。戈布林女士在纽约开创了年度时尚对谈（Fashion Talks），用一对一现场访谈的形式将当代时装界最响亮的名字带进了公众视野之中。同时，她也经常以评论家的身份出席欧洲和其他地区的电视和电台节目。为了庆祝博物馆的时装部成立 30 周年，她策划了"时尚前沿：时装三百年"（Fashion Forward, Three Centuries of Fashion）（2016）大型时装史回顾展，回顾了博物馆藏中 18 世纪至今的时装史。

哈米什·鲍尔斯，引言中的对谈人，*Vogue* 杂志国际部特别编辑，被认为是时尚和室内装饰界最受尊重的权威之一。鲍尔斯先生搜集和收藏了大量具有历史意义的高级定制时装，并曾策划了许多展览，包括"杰奎琳·肯尼迪：白宫岁月"（2001）、"巴伦西亚加：西班牙大师"（2010）、"巴伦西亚加与西班牙"（2011）；此外，他也撰写了大量文章、评论和书籍，包括《*Vogue*：封面》（2011）、《*Vogue*：编辑视角》（2012）、《*Vogue* 婚礼：新娘、婚纱与设计师》（2012）以及《*Bogue* 与大都会艺术博物馆时装部：排队、展览与人物》（2014）。

扬·勒让德尔曾为超过 50 本出版物创作插画，包括《华尔街日报》（*Wall Street Journal*）和《纽约时报》（*New York Time*）。书籍则包括《格林童话》（*Grimm's Fairy Tales*）（Rockport，2014）。他是纽约插画家协会成员。

致谢

我希望向以下人士表达我最诚挚的谢意：

Anthony Petrillose、Antoinette d'Aboville、Charles Miers、Catherine Bonifassi、Delphine Saurat、Dung Ngo、Emmanuelle Beuvin、Giulia Di Filippo、Hamish Bowles、Jacob Wildschiødtz、Jerome Gautier、Joan Juliet Buck、Johny G、Madeleine Chapsal、Matthew Appleton、Odile Premel、Philippe Aronson、Sheila Sitaram 和 Yann Legendre。

我希望把这本书献给我唯一的 JFL，

献给 LBG，

献给 Mathilde、Stefan、August 和 Matias，

献给 P，

也献给 X！

图书在版编目（CIP）数据

时装的自白：与时尚传奇的对话实录 /（法）帕梅
拉·戈布林（Pamela Golbin）著；（法）扬·勒让德尔
（Yann Legendre）绘；邓悦现译 . —— 重庆：重庆大学
出版社，2018.9

书名原文：COUTURE CONFESSIONS：Fashion Legends
in Their Own Words

ISBN 978-7-5689-1331-7

Ⅰ . ①时… Ⅱ . ①帕… ②扬… ③邓… Ⅲ . ①时装—
服饰文化—世界 Ⅳ . ① TS941.7

中国版本图书馆 CIP 数据核字 (2018) 第 191192 号

时装的自白：与时尚传奇的对话实录

Shizhuang de Zibai：yu Shishang Chuanqi de Duihua Shilu

［法］帕梅拉·戈布林 著
［法］扬·勒让德尔 绘
邓悦现 译

策划编辑	张 维	装帧设计	崔晓晋
责任编辑	李桂英	责任印制	张 策
责任校对	关德强		

重庆大学出版社出版发行

出版人：易树平

社址：（401331）重庆市沙坪坝区大学城西路 21 号

网址：http://www.cqup.com.cn

印刷：天津图文方嘉印刷有限公司

开本：787mm×1092mm 1/16 印张：16.5 字数：255 千
2018 年 9 月第 1 版 2018 年 9 月第 1 次印刷
ISBN 978-7-5689-1331-7 定价：79.00 元

版贸核渝字（2017）第 118 号